當代日本
海上力量

Japanese Sea Power

弗雷德・希爾（Free Hill）　著　　西風　譯

國家圖書館出版品預行編目 (CIP) 資料

當代日本海上力量 / 弗雷德 . 希爾 (Free Hill) 著
; 西風譯 . -- 第一版 . -- 新北市：風格司藝術創
作坊 , 2021.02
　　面 ;　公分 . -- (全球防務 ; 10)
譯自：Japanese sea power.
ISBN 978-957-8697-98-0(平裝)

1. 海軍 2. 自衛隊 3. 日本

597.931　　　　　　　　　　　110002094

全球防務 010

當代日本海上力量
Japanese Sea Power

作　　者：弗雷德‧希爾（Free Hill）
譯　　者：西　風
責任編輯：苗　龍
發 行 人：謝俊龍
出　　版：風格司藝術創作坊
地　　址：235 新北市中和區連勝街 28 號 1 樓
　　　　　Tel：(02) 8245-8890
總 經 銷：紅螞蟻圖書有限公司
　　　　　Tel：(02) 2795-3656　Fax：(02) 2795-4100
地　　址：台北市內湖區舊宗路二段 121 巷 19 號
　　　　　http://www.e-redant.com
版　　次：2021 年 3 月初版　第一版第一刷
訂　　價：480 元

Chapter 3
水面主力戰艦

目錄
CONTENTS

Chapter 4
潛艦部隊

上圖：「日向」號直升機航空母艦。（圖片來源：日本海上自衛隊）

Chapter 1

日本海軍

概述

日本海上自衛隊,英文Japan Maritime Self Defense Force 縮寫為JMSDF。是防衛省的下屬特別機關。相當於其他國家的海軍。一九七四年七月一日在原保安廳警備隊基礎上改名組建。

日本一九四五年戰敗投降後,軍隊被解散,軍事機構被撤消。一九五○年朝鮮戰爭爆發後,美國基於其自身需要指令日本成立「海上警備隊」,並提供軍備支援。一九五四年新建防衛廳,將海上警備隊改稱為海上自衛隊。由於日本不能擁有軍隊,而且採取專守防衛的立場,因此並不配備大型戰艦、航空母艦以及核動力潛艦。其主要任務是防衛日本領海,以「質重於量」為建軍方針。

上圖:日本海上自衛隊(圖片來源:日本海上自衛隊)

冷戰後日本海上自衛隊的作用可以用「烈度軸」、「時間軸」和「地域軸」等三個坐標軸來表示，它們分別代表「從參加國際緊急援助活動到日本發生有事事態」、「從平時到有事」和「從日本周邊到印度洋」。海上自衛隊的作用在這三方面都取得了切實的發展。今後海上自衛隊的艦艇將要處理各種各樣的事態，這就要求進一步提高艦艇的「多用途性」、「機動性」和「續航性」。日本海上自衛隊開始參與聯合國維和行動，此一類似向海外派兵的行動引起極大的爭議。目前兵力約四萬六千人左右，擁有各式艦艇超過一百六十艘。

上圖：「日向」號直升機航空母艦。（圖片來源：日本海上自衛隊）

組織架構

● 海上幕僚監部
◎ 總務部
◎ 人事教育部
◎ 防衛部
◎ 指揮通信情報部
◎ 裝備部
◎ 技術部
◎ 監察官
◎ 首席法務官
◎ 首席會計監查官
◎ 首席衛生官
● 自衛艦隊（司令部：神奈川縣橫須賀市）
◎ 護衛艦隊（司令部：神奈川縣橫須賀市）
■ 第一1護衛隊群（司令部：神奈川縣橫須賀市）
■ 第二護衛隊群（司令部：長崎縣佐世保市）
■ 第三護衛隊群（司令部：京都府舞鶴市）
■ 第四護衛隊群（司令部：廣島縣吳市）

■ 海上訓練指導隊群

■ 第一輸送隊

■ 第一海上補給隊

◎ 航空集團（司令部：神奈川縣綾瀨市）

■ 第一航空群

■ 第二航空群

■ 第四航空群

■ 第五航空群

■ 第二十一航空群

■ 第二十二航空群

■ 第三十一航空群

■ 第五十一航空隊

■ 第六十一航空隊

■ 第一一一航空隊

■ 第一航空修理隊

■ 第二航空修理隊

■ 航空管制隊

■ 機動施設隊

◎ 潛水艦隊（司令部；神奈川縣橫須賀市）

■ 第一潛水隊群（司令部：廣島縣吳市）

■ 第二潛水隊群（司令部：神奈川縣橫須賀市）

■ 潛水艦教育訓練隊

◎ 掃海隊群

◎ 開發隊群

◎ 情報業務群

◎ 海洋業務群

◎ 特別警備隊

● 橫須賀地方隊（司令部：神奈川縣橫須賀市）

● 佐世保地方隊（司令部：長崎縣佐世保市）

● 舞鶴地方隊（司令部：京都府舞鶴市）

● 大湊地方隊（司令部：青森縣大湊市）

● 吳地方隊（司令部：廣島縣吳市）

● 教育航空集團（司令部：千葉縣柏市）

◎ 下總教育航空群

◎ 德島教育航空群

◎ 小月教育航空群

◎ 第二一一教育航空隊

● 練習艦隊

● 系統通信隊群

● 警務隊

● 情報保全隊

● 潛水醫學試驗隊

- 幹部學校
- 候補生學校
- 術科學校
- 補給本部（司令部：東京都北區）
  ◎ 艦船補給處
  ◎ 航空補給處

下圖：「日向」號直升機航母。（圖片來源：日本海上自衛隊）

上圖：日本艦隊（圖片來源：日本海上自衛隊）

艦隊組成

級別	日本稱呼	通行分類	艦數
日向（Hyūga）級	護衛艦	直升機航母	2
大隅（Osumi）級	輸送艦	直升機航母	3
由良（Yura）級	輸送艦	兩棲攻擊艦	12
白根（Shirane）級	護衛艦	直升機巡洋艦	2
臻名（Haruna）級	護衛艦	直升機巡洋艦	2
愛宕（Atago）級	護衛艦	宙斯盾飛彈驅逐艦	2
金剛（Kongō）級	護衛艦	宙斯盾飛彈驅逐艦	4
旗風（Hatakaze）級	護衛艦	飛彈驅逐艦	2
太刀風（Tachikaze）級	護衛艦	飛彈驅逐艦	2
秋月（Akiziki）級	護衛艦	通用驅逐艦	4
高波（Takanami）級	護衛艦	反潛驅逐艦	5
村雨（Murasame）級	護衛艦	反潛驅逐艦	9
朝霧（Asagiri）級	護衛艦	驅逐艦	6
初雪（Hatsuyuki）級	護衛艦	驅逐艦	11
阿武隈（Abukuma）級	護衛艦	巡防艦	6
夕張（Yubari）級	護衛艦	巡防艦	2
石狩（Ishikari）級	護衛艦	巡防艦	1
親潮（Oyashio）級	柴電潛艦	柴電潛艦	11
春潮（Harushio）級	柴電潛艦	柴電潛艦	6
蒼龍（Souryu）級	柴電潛艦	柴電潛艦	3
隼（Hayabusa）級	飛彈艇	飛彈快艇	6
浦賀（Uraga）級	掃海母艦	布雷艦	2
八重山（Yaeyama）級	掃海艦	掃雷艦	3
菅島（Sugashima）級	掃海艇	掃雷艇	12

作戰指導思想

由「專守防禦」轉向「攻勢防禦」

根據日本和平憲法的精神，日本戰後的安全戰略一直是以「專守防衛」為核心，其類型是一種被動式防禦。冷戰後，日本海上自衛隊不斷對其作戰思想進行調整，上世紀九十年代，日本確立了「廣域防衛，洋上殲敵」的積極防禦思想，並實施預先前置的防衛戰略，以「遏制事態發生」或「早日排除事態」。到二○○一年，其防衛白皮書甚至公開宣稱，一旦國家戰略需要，日本將「對他國發動先發制人的打擊」。同時大力發展先發制人的作戰力量，加快了進攻性武器的發展。目前，日本海上自衛隊早已超出自身防衛的需要，已經具備了全球攻防的能力。

正是在遠洋積極防禦作戰思想的指導下，從二十一世紀開始，為應對「新型威脅」，日本海上自衛隊加快了其遠洋機動作戰力量的建

下圖：日本海上自衛隊驅逐艦隊 (圖片來源：日本海上自衛隊)

設，在裝備發展上，不斷推動其艦艇裝備向大型化、飛彈化、遠洋化發展，重點發展海基飛彈防禦系統和具有遠洋作戰能力的「准航母」大型水面艦艇，並注重加強海上巡邏裝備的建設。

日本軍事裝備建設向來注重質量，在裝備發展上注重謀求技術優勢，在該國雄厚的經濟實力支持下，海上自衛隊的裝備已經躋身世界海軍裝備強國之列，反潛、掃雷

和常規潛艦等裝備處於世界先進水平。然而，日本並沒有滿足現狀，近年來，海上自衛隊更加重視信息戰裝備的發展，信息戰能力不斷提高，並開始了新一輪造艦計劃。

同時，日本並沒有放棄長期以來擁有真正航母的努力。日本是世界上較早研發航母的國家之一。一九二二年，日本建造的「鳳翔號」被認為是世界上第一艘標準的航母。二戰期間，日本建造了二十多艘航母，一度橫行海上，成為其野心高度膨脹的催化劑。

下圖：日本海上自衛隊支援艦 (圖片來源：日本海上自衛隊)

二戰後，日本作為戰敗國，放棄進攻性武器，航母自然也在禁止範圍之內。但由於日本擁有建造航母的技術和基礎，再加上再現昔日稱霸海洋的輝煌一直是其揮之不去的情結，日該國內幾度出現要求重造航母的聲音。

上世紀八十年代初，日本政府和軍方緊鑼密鼓地策劃建造小型航母，只是由於美國與日該國內反戰人士的反對，計劃才被迫取消。但

日本發展航母的意圖從未消失過，而且更加策略：不再直接提「授人以柄」的造航母的說法，而是以發展大型運輸艦、驅逐艦、護衛艦的名義，走上了實質性擁有航母的道路。

一九八八年日本經通過憲法解釋允許擁有「防禦性」的輕型航母，「日向」號就是以此發展起來

下圖：日本海上自衛隊181「日向」號准航空母艦 (圖片來源：日本海上自衛隊)

的。一九九八年日本海上自衛隊第一艘擁有直通甲板的「大隅」號兩棲攻擊艦服役，這是日本在追逐航母夢想上邁出的重要一步。此後儘管存在眾多不足，但「日向」號的設計在全方位向真正的航母靠攏。日本正是通過這種漸進方式，在技術上穩步積累建造和使用經驗，從政策上逐漸突破和平憲法的制約和民眾及周邊國家的心理底線，為最終實現「航母夢」奠定基礎。

下圖：和美軍聯合演習 (圖片來源：日本海上自衛隊)

海上自衛隊活動擴展到所有國際公海

「九·一一」事件後不久，借美國對阿富汗動武之機，日該國會於二〇〇一年十月通過了有效期為兩年的《反恐特別措施法》，為日本向海外派兵提供了法律依據。《反恐特別措施法》無限擴大了日本向海外派兵的範圍，將日本自衛隊的活動範圍擴展到所有國際公海、上空和有關國家同意的外國領土。此外，根據這一法律，日本政府在採

取反恐措施時不必經國會批准，而是以召開臨時內閣會議的形式作出決定即可，但須在採取行動後的20天內報告國會。

二○○一年十二月，日本政府根據這一法律，首次向海外派遣自衛隊，為在印度洋上活動的多國海軍艦艇提供燃料及後勤保障服務。此舉成為日本戰後防衛政策的重大轉折。

《反恐特別措施法》於二○○三年、二○○五年和二○○六年經日本國會三度延長。自二○○一年十二月以來，海上自衛隊共向印度洋派遣了五十九艘次艦艇和約1.1萬人次的自衛隊員。二○○八年十二月十二日，日本國會在眾議院二次表決中最終通過了當天遭參議院否決的新反恐特別措施法修正案。根據這一修正案，日本向印度洋派遣自衛隊的期限將被延長一年，即到二○一○年一月十五日為止。自衛隊的任務仍是為在印度洋上活動的美國等多國海軍艦艇提供燃料和水。海上自衛隊印度洋派兵的規模不變，但活動範圍已擴展到所有國際公海。

二○○九年三月十四日下午，日本海上自衛隊兩艘驅逐艦從廣島縣起航前往索馬裡附近海域，以保護日本相關船舶免受海盜威脅。這是日本首次以「海上警備行動」的名義向海外派遣自衛隊。六月二十四日，第二批護航艦隊由「天霧」和「春雨」號兩艘飛彈驅逐艦組成，由佐世保基地起航，七月十四日抵達了索馬裡海域，而不久的將來，「大隅」級和「日向」級「准航母」戰鬥群也將在全球的熱點海域頻繁現身。

發展方向

‧13500噸級直升機驅逐艦：首艦「日向」號於二○○七年八月二十三日舉行命名下水典禮，計畫在二○○九年三月成軍服役；另有一艘伊勢號，二○○九年十一月下水，二○一一年服役。其機庫共可容納七架直升機，加上甲板上可停放四架，共計十一架。

‧20000噸級直升機驅逐艦

DDH—22。

‧5000噸級泛用驅逐艦：計畫建造四艘，將取代「朝霧」級。

‧2900噸級潛水艦：首艦於二〇〇四年通過預算計畫，二〇〇五年三月動工，次艦於二〇〇六年動工，二〇〇七年亦已提出第三艘預算。為「親潮」級放大版，以增加作戰航程、潛航性能及靜肅性為設計主要考量。

‧500噸級掃雷艦：首艦於二〇〇四年通過預算動工，二〇〇八年下水。

‧3000噸級海洋觀測艦：與5000噸級通用驅逐艦同時建案，以海洋研究、水文紀錄為主要任務，另擔負情報搜集、通信中繼、特種管制或救難協助等任務。

‧12500噸級破冰船：於二〇〇四年展開設計，二〇〇五年通過建造預算，二〇〇七年開始建造，二〇〇九年下水。主要支持南極觀測任務，亦可從事潛艦事故救難任務。

「八‧八艦隊」

所謂「八‧八艦隊」，是指海上自衛隊機動艦隊即自衛艦隊，相當於原先的聯合艦隊護衛艦隊水面艦艇的一種配置形式，機動艦隊由護衛艦隊、潛艦艦隊、航空隊和直轄隊組成，是海上自衛隊的一線部隊，約占日本海上自衛隊實力的百分之六十，主要承擔保衛海上交通線，執行中遠海反潛、機動作戰和護航等任務。其主力水面戰鬥艦艇配備於護衛艦隊之下，共分為四個護衛隊群，每個護衛隊群配備一艘作為旗艦的直升機驅逐艦，以及三個護衛隊，其中兩個護衛隊使用通用型驅逐艦、一個護衛隊使用防空驅逐艦，每個護衛隊由兩、三艘驅逐艦組成。一個護衛隊群的軍艦，恰好可以組成一支「八‧八艦隊」，即一艘直升機驅逐艦、二艘防空型驅逐艦和五艘通用型驅逐艦，再配以八架直升機（直升機驅逐艦攜帶三架，通用型驅逐艦每艦一機）。

日本的造艦進程保持著一個較

本圖：日本將其「鳥海」號飛彈驅逐艦進行改
裝，用於戰區彈道飛彈防禦。儘管二〇〇八年
十一月十九日，使用標準3型飛彈進行的彈道
飛彈攔截試驗失敗，日本仍將推進現有宙斯盾
戰艦的彈道飛彈防禦升級計畫。（圖片來源：
日本海上自衛隊）

高的速度,「村雨」/「高波」級驅
逐艦以每年兩艘的速度服役,僅用
了幾年時間,上一代通用型驅逐艦
「朝霧」級和「初雪」級就已經基
本退出了護衛艦隊,日本的海軍傳
統中一貫重視控制一線艦艇艦齡。經
過不斷的更新和調整後,護衛艦隊目
前的艦艇和編製基本情況如下:

　　護衛艦隊旗艦為「太刀風」級
驅逐艦「太刀風」號(DDG168)。

　　第一護衛隊群:旗艦為「白
根」級直升機驅逐艦「白根」號
(DDH143);該護衛隊群還轄有
第一護衛隊:含「村雨」級驅逐艦

上圖:「太刀風」級驅逐艦170艦「澤風」
號 (圖片來源:日本海上自衛隊)

下圖:143艦「白根」級直升機驅逐艦「白
根」號 (圖片來源:日本海上自衛隊)

「村雨」號（DD101）、「春雨」號（DD102）、「雷」（DD107）號；第五護衛隊：含「高波」級（亦可視為改進「村雨」級）驅逐艦「高波」號（DD110）、「大波」號（DD111）；以及第六十一護衛隊：含「旗風」級驅逐艦「旗風」號（DDG171）、「金剛」級驅逐艦「霧島」號（DDG174）。該護衛隊群所有艦隻均配置於橫須賀。

上圖：「村雨」級驅逐艦101艦「村雨」號 (圖片來源：日本海上自衛隊)

下圖：「高波」級通用驅逐艦 111艦「大波」號 (圖片來源：日本海上自衛隊)

第二護衛隊群：旗艦為「白根」級直升機驅逐艦「鞍馬」號（DDH144）；該護衛隊群還轄有第二護衛隊：含「朝霧」級驅逐艦「山霧」號（DD152）、「澤霧」號（DD157）；第六護衛隊：含「村雨」級驅逐艦「夕立」（DD103）、「霧雨」（DD104）、「有明」（DD109）；第六十二護衛隊：含「太刀風」級驅逐艦「澤風」號（DDG170）、「金剛」級驅逐艦「金剛」號（DDG173）。該護衛隊群駐紮於佐世保。

第三護衛隊群：旗艦為「榛名」級直升機驅逐艦「榛名」號（DDH141）；該護衛隊群還轄有第三護衛隊：含「初雪」級驅逐艦「濱雪」號、「朝霧」級驅逐艦「天霧」號(DD154)；第七護衛隊：含「朝霧」級驅逐艦「夕霧」號（DD153）、「濱霧」號（DD155）、「瀨戶霧」號（DD156）；第六十三護衛隊：含「旗風」級驅逐艦「島風」號

下圖：144艦「白根」級直升機驅逐艦「鞍馬」號 (圖片來源：日本海上自衛隊)

上圖：104艦「村雨」級驅逐艦「霧雨」號　　　下圖：173艦「金剛」級驅逐艦「金剛」號
(圖片來源：日本海上自衛隊)　　　　　　　　(圖片來源：日本海上自衛隊)

（DDG172）、「金剛」級驅逐艦「妙高」號（DDG175），該護衛隊群分駐舞鶴（「榛名」號、第三、六十三護衛隊）及大湊（第七護衛隊）兩地。

左圖：175艦「金剛」級驅逐艦「妙高」號 (圖片來源：日本海上自衛隊)

對面上圖：172艦「旗風」級驅逐艦「島風」號 (圖片來源：日本海上自衛隊)

下圖：141艦「榛名」級直升機驅逐艦「榛名」號 （圖片來源：日本海上自衛隊）

對面下圖：142艦「榛名」級直升機驅逐艦「比睿」號 (圖片來源：日本海上自衛隊)

第四護衛隊群：旗艦為「榛名」級直升機驅逐艦「比睿」號（DDH142）；該護衛隊群還轄有第四護衛隊：含「村雨」級驅逐艦「電」號（DD105）、「五月雨」號（DD106）、「曙」號（DD108）；第八護衛隊：含「朝霧」級驅逐艦「朝霧」號（DD151）、「海霧」號（DD158）號；第六十四護衛隊：含「太刀風」級驅逐艦「朝風」號（DD169）、「金剛」級驅逐艦「鳥海」號（DDG176）。其中「比睿」號、第四、八護衛隊部署在吳，第六十四護衛隊部署在佐世保。

經計算可知，護衛艦隊目前總計擁有「白根」級直升機驅逐艦兩艘，「榛名」級直升機驅逐艦兩艘，「金剛」級驅逐艦四艘，「村雨」級通用驅逐艦九艘，「高波」級通用驅逐艦兩艘，「朝霧」級通用驅逐艦八艘，「初雪」級通用驅逐艦一艘，「旗風」級防空驅逐艦

下圖：108艦「村雨」級驅逐艦 「曙」號
(圖片來源：日本海上自衛隊)

下圖：169艦「太刀風」級驅逐艦「朝風」號 (圖片來源：日本海上自衛隊)

下圖：176艦「金剛」級驅逐艦「鳥海」號 (圖片來源：日本海上自衛隊)

兩艘，「太刀風」級防空驅逐艦三艘。

按照日本的規劃，「八・八艦隊」中：直升機驅逐艦載三架HSS—2B反潛直升機，擔任艦隊指揮艦並負責反潛，「金剛」級驅逐艦和「旗風」或「太刀風」級防空驅逐艦，主要擔負編隊的防空任務；五艘通用型驅逐艦，各載一架HSS—2B反潛直升機，用於反潛、反艦作戰。此外，還配備一艘8000噸級的遠洋綜合補給船，擔負艦隊的遠洋補給保障。

整個二十世紀九十年代，日本已經實施了「親潮」級和「春潮」級潛艦、「金剛」級、「村雨」級和「高波」級驅逐艦、「阿武隈」級護衛艦、「大隅」級船塢

運輸艦、「浦賀」級掃雷支援艦、「菅島」級沿海掃雷艇以及一批輔助艦艇在內的龐大的發展計劃，下一步即將開始的，便是兩艘改進型「金剛」級驅逐艦（最終可能建造四艘）和兩艘13500噸級直升機驅逐艦，甚至包括遠景的航空母艦計劃等。「高波」級的後續艦繼續建造，以替換護衛艦隊中剩餘的幾艘「初雪」級和「朝霧」級驅逐艦。總之，有事法制的通過，和「八・八艦隊」的不斷發展，可以視為一個問題的兩個方面，某些日本右翼勢力，現在是一邊推進立法變化，為日本走向軍事大國提供法律空間；一方面推進軍隊建設，為這一過程提供實力支持。從現在的情況看，他們在這兩方面都要繼續走下去，並且有可能在其國內保守勢力膨脹的基礎上，加速這一過程。

左圖：172艦「旗風」級驅逐艦「島風」號
(圖片來源：日本海上自衛隊)

「九‧十艦隊」

人們所熟悉的日本海上自衛隊的「八‧八艦隊」，關於它的提法最早出現於一九〇七年。日本海軍根據當時日俄戰爭經驗，設想由八艘戰列艦和八艘巡洋艦構成日本海上艦艇編隊，赴海上第一線作戰，與當時剛剛崛起的海軍強國美國爭霸。但由於種種原因該設想未能實現，只是到了上世紀八十年代初，日本軍方才又重新提出「八‧

八艦隊」構想並付諸實施。當然，與崇尚巨艦大炮的時代相比，當初日本海上自衛隊的「八‧八艦隊」主要根據反潛護航的作戰使命，突出了反潛作戰兵力的配置，由八艘驅逐艦和八架艦載直升機構成。與此同時，針對「八‧八艦隊」所存在能力的不足，尤其是防空力量較薄弱，日本海軍又開始建立「九‧十艦隊」。

下圖：日本軍用直升機 (圖片來源：日本海上自衛隊)

「九·十艦隊」的由來和編成

日本海上自衛隊的「九·十艦隊」，是以原來的「八·八艦隊」為基礎，再編入新建造的「宙斯盾」防空飛彈驅逐艦和多用途驅逐艦（載有一架直升機）各一艘，由十艘驅逐艦和九架艦載直升機構成的艦艇編隊，並因此而得名。它是各國海軍中最為典型的、以非航母水面艦艇為主的海上艦艇編隊，具有相對固定的編成。依據「八·八艦隊」的編成思想，「九·十艦隊」的基本編成是一艘「白根」級

下圖：「村雨」級垂發系統（圖片來源：日本海上自衛隊)

驅逐艦，可搭載三架直升機，載有八聯裝「海麻雀」點防禦艦空飛彈一座，裝備了11號和14號數據鏈，擔任編隊指揮艦，並實施反潛作戰；「宙斯盾」防空飛彈驅逐艦以及「旗風」級和「太刀風」級防空飛彈驅逐艦各一艘，主要用於區域防空作戰；「初雪」級和「朝霧」級多用途驅逐艦共六艘，每艘載一架直升機，裝備四聯裝「捕鯨叉」反艦飛彈兩座、八聯裝「海麻雀」點防禦艦空飛彈一座，是編隊反潛、反艦作戰的主要兵力。編隊由於能及時在艦艦、艦機、艦岸之間傳遞實時情報，故已構成了一個作戰整體。同時，艦載直升機將由性能更先進的SH—60J代替了原來的HSS—2B型反潛直升機。該機是以美海軍現役SH—60型直升機為基礎的，由日本自己研製的新一代反潛直升機，除反潛功能外，還具有為反艦飛彈中繼制導等多種功能。

「九·十艦隊」的編成方案，是日本海上自衛隊是為了達成1000海里護航的基本目標，實現「封鎖護航」的戰略，以原蘇聯海軍的潛艦

為主要作戰對象，根據艦艇編隊對潛搜索和攻擊的戰術設想，應用運籌學的解析方法，通過建模計算，得出的較為優化的反潛艦艇編隊編成方案。計算表明：按日本海上自衛隊現役驅逐艦的反潛作戰能力，在同時出動八艘到十艘時，擊沉敵潛艦的概率曲線趨於水平；同時針對核潛艦，反潛直升機以三機編組的形式進行搜索較為可靠，這樣為了連續作業至少需要兩組，那麼若要保證有六架反潛直升機處於正常可用狀態，配備的數量就要有八到

九架。依據最佳費效比使用兵力的原則，如果說「八‧八艦隊」是日本海上自衛隊滿足海上艦艇反潛作戰需求的基本編成，那麼「九‧十艦隊」就是艦艇反潛作戰的最佳編

下圖：日本一艘超大型直升機驅逐艦「伊勢」號和「日向」號直升機驅逐艦的同級艦，艦長197米、寬33米、標準排水量1.395萬噸，其規模超過了一些國家的輕型航空母艦。該艦採用了全船前後貫通式甲板，有能力起降日本陸、海、空自衛隊的所有大型直升機。「伊勢」號下水標誌著其進入武器和作戰裝備的列裝階段。（圖片來源：日本海上自衛隊)

成。

日本「九‧十艦隊」作為一個作戰整體,由相控陣雷達和三坐標雷達、電子探測系統及直升機保障遠程警戒,以「標準」II型中程防空飛彈作為對空防禦的中堅力量,具有較強的海上反潛、反艦的打擊力量。在有岸基航空兵或是美國航母戰鬥群提供一定的空中保障的條件下,該編隊反潛護航能力是相當強的,可擔負對一個大型船團(五十艘左右運輸船)的護航任務。所以,日本海上自衛隊計劃建立不少於4支這樣的艦艇編隊。

「十‧十艦隊」

日本海上自衛隊已經向「十‧十艦隊」發展,即十艘艦隻搭載十架反潛直升機組成一個有機的集群.

新的十‧十艦隊,增加的「高波」級通用驅逐艦可以搭載一架反潛直升機,「金剛」級的改進型防空驅逐艦(首艦是「愛宕」號)進

下圖:日本183號艦,全長248米,寬38米,標準排水量1.95萬噸,可搭載14架直升機,人員4000人,可運輸陸上自衛隊3.5噸卡車50台,並具有同時起降5架直升機的能力。該艦可以為其他艦隻進行海上燃料補給。(圖片來源:日本海上自衛隊)

行了類似於「伯克」級的改進,可以搭載一架反潛直升機 無論遠、中、近海都可以獨當一面。

　　未來的海上自衛隊將包括有至少十支以「金剛」級為旗艦的「十・十」艦隊,配製九艘「村雨」級,八艘「朝霧」級驅逐艦,數艘萬噸級兩棲攻擊艦以及其它輔助艦隻。幾乎全部的新型軍艦都廣泛採用隱形技術,先進3D空搜雷達,垂直發射系統以及各式服役和尚在研製階段的新型艦載飛彈,在「金剛」級」「宙斯盾」驅逐艦的領軍下,每單一「十・十艦隊」的防空與反潛實力將會提升到除美國航母艦群以外世界的領先水平。

下圖:日本「日向」號直升機驅逐艦 (圖片來源:日本海上自衛隊)

主要基地

橫須賀位於日本本州島東京灣人口處東岸的橫須賀港,北有橫濱市相連,南和橫須賀市東岸接壤,港內的停泊設施、修船能力、油料和彈藥貯存設備及兵員休整設施等方面的條件得天獨厚,具備了海軍基地所需的各種條件,素有東洋第一軍港之稱。是日本第一大軍港。

佐世保於日本九州島西北岸的佐世保港,屬長崎縣,四周被山環繞,進口航道的西面又有五島列島作為屏障,是一個天然良港。是日本第二大軍港。

吳港位於廣島縣西南部,面向瀨戶內海。二〇〇〇年(平成二十年)升格為特例市。人口約有二十五萬人,同時是保健所政令市。是難得的天然良港,古代即有水軍駐紮於此。明治時代以後,該市成為帝國海軍和海上自衛隊的據點。著名的「大和」號就是在這裡建造,是日本海軍第三大軍港。

下圖:橫須賀海軍基地衛星照片(圖片來源:日本海上自衛隊)

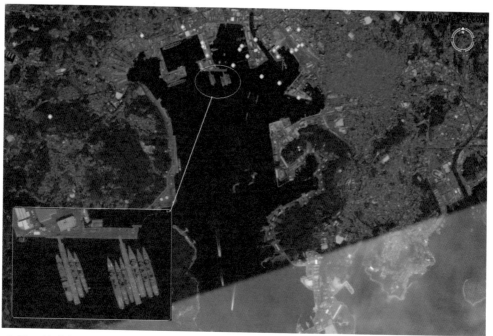

上圖：佐世保海軍基地衛星照片（圖片來
源：日本海上自衛隊)

下圖：吳港海軍基地衛星照片（圖片來源：
日本海上自衛隊)

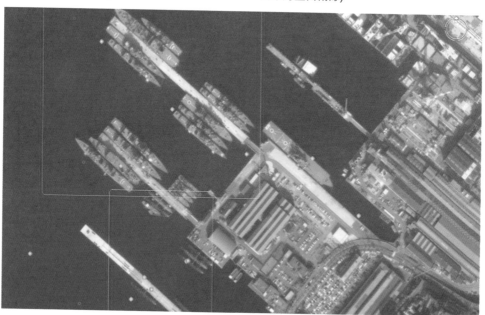

舞鶴面向日本海,不僅在人口規模上是北方第一,其在經濟方面也是北部最重要的城市。舞鶴以市內東部的軍港做為中心,是個靠造船和玻璃工業為基礎所發展而成的城市。舞鶴軍港主要負責日本海的防衛。規模為日本第四的軍港。

大湊位於本州島最北端,北望北海道,冷戰期間是遏制蘇聯海軍太平洋艦隊的前沿據點。冷戰結束後,蘇聯解體,隨著俄羅斯國力削弱,北方威脅減輕,目前大湊基地在日本海軍的地位也降低了,但仍是第五大軍港。

下圖:舞鶴海軍基地衛星照片(圖片來源:日本海上自衛隊)

下圖:日本的海軍五大基地衛星照片(圖片來源:日本海上自衛隊)

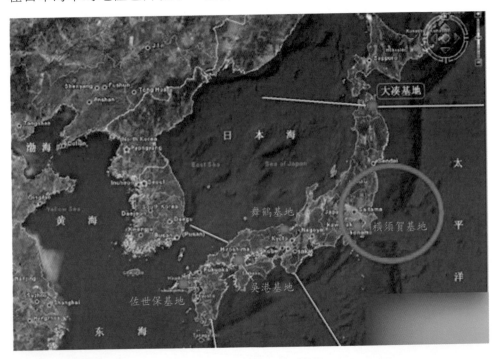

日本海上自衛隊主力艦艇構成

類型	級別	數量	噸位	尺寸(米)	推進	艦員	服役日期
支援和直升機母艦							
直升機母艦	「日向」級	2	18 000噸	191×32×7	全燃聯合・30節	350人	2009年
主力水面護航艦							
直升機驅逐艦	「白根」級	2	7 500噸	159×18×5	蒸汽・31節	350人	1980年
直升機驅逐艦	「榛名」級	1	6 900噸	153×18×5	蒸汽・31節	370人	1973年
飛彈驅逐艦	「愛宕」級	2	10 000噸	165×21×6	全燃聯合・30節	300人	2007年
飛彈驅逐艦	「金剛」級	4	9 500噸	161×21×6	全燃聯合・30節	300人	1993年
飛彈驅逐艦	「旗風」級	2	6 250噸	150×16×5	全燃聯合・30節	260人	1986年
飛彈驅逐艦	「太刀風」級	1	5 500噸	143×14×5	蒸汽・32節	250人	1976年
飛彈驅逐艦	「高波」級	5	5 250噸	151×17×5	全燃聯合・30節	175人	2003年
飛彈驅逐艦	「村雨」級	9	5 000噸	151×17×5	全燃聯合・30節	165人	1996年
飛彈驅逐艦	「朝霧」級	8	4 250噸	137×15×5	全燃聯合・30節	220人	1988年
飛彈驅逐艦	「初雪」級	12	3 750噸	130×14×4	全燃交替・30節	200人	1989年
飛彈護衛艦	「阿武隈」級	6	2 500噸	109×13×4	柴燃聯合・27節	120人	1989年
飛彈護衛艦	「夕張」級	2	1 750噸	91×11×4	柴燃聯合・25節	95人	1983年
潛艇							
常規潛艇	「蒼龍」級	1	4 200噸	84×9×8	AIP・20節以上	65人	2009年
常規潛艇	「親潮」級	11	4 000噸	82×9×8	柴電・20節以上	70人	1998年
常規潛艇	「春潮」級	7	3 250噸	77×10×8	柴電・20節以上	75人	1990年
主力水面艦艇							
登陸平臺船塢艦	「大隅」級	3	14 000噸	178×26×6	柴油机・22節	135人	1998年

上圖：日本宙斯盾戰艦的彈道飛彈標準Ⅲ型。（圖片來源：portico）

Chapter 2
大型水面戰艦

「日向」級准航空母艦

概貌

「日向」級直升機航空母艦（JMSDF DDH HYUGA class）是日本新型直升機航空母艦，採用全通飛行甲板設計，為服役時日本海上自衛隊最大水面作戰艦艇。其排水量甚至超過了意大利「加裡波第」號、西班牙「阿斯圖裡亞斯親王」號和泰國「差克裡‧納呂貝克」號輕型航空母艦。

按照計劃，「日向」級服役後將取代現役的「榛名」級直升機驅逐艦。

「日向」級採用是全通式甲板設計，可以起降直升機或固定翼垂直起降飛機，具有了一定輕型航空母艦特徵。然而，暫時並沒有滑躍式甲板或彈射裝置以起降普通固定翼飛機。

上圖：181號「日向」直升機航空母艦。
（圖片來源：日本海上自衛隊）

　「日向」級雖然定位為直升機航空母艦，但也具有作為海上自衛隊旗艦的指揮能力。在將來日本自衛隊的國內外派遣任務（國際維和、人道救災、撤僑、離島奪回等）中，「日向」級將能成為跨軍種的聯合指揮平台，並滿足屆時大批直升機頻繁起降調度的需求只要後勤補保、人員借調做好並增設適當裝備，「日向」級也可供其陸上自衛隊的直升機起降調度，這使日本海自在這類任務的地位從現行的運輸者與火力支持者，一躍成為整個聯合行動的中樞。

服役情況

　該級艦共建造兩艘，均由石川島播磨重工業株式會社橫濱造船廠承造。首艦（DDH－181）於二〇〇六年五月十一日開工，二〇〇九年三月十八日服役，命名為「日向」號，造價472億日圓。該艦替代二〇〇九年初除役的「榛名」號，

下圖：「日向」號直升機航母。（圖片來源：日本海上自衛隊）

成為第三護衛隊群的旗艦；二號艦（DDH－182）的進度約晚兩年，於二〇一一年三月在吳市服役，命名為「伊勢」號。兩艦將分別取代兩艘「榛名」級直升機驅逐艦。同時，「日向」號是日本海上自衛隊成立以來第一次恢復古國名的命名規則。

總體性能

「日向」級的作戰系統相當先進並且高度整合化，並且擁有優

上圖：「日向」號直升機航母的桅桿。（圖片來源：日本海上自衛隊）

下圖：「日向」號直升機航母。（圖片來源：日本海上自衛隊）

秀的信息傳輸能力以符合未來各軍種、載具之間「聯網作戰」的趨勢。動力系統方面，「日向」級將採用由四台LM—2500燃氣渦輪組成的COGAG形式，採用雙軸推進，極速是達傳統起降航艦水平的三十節，航速二十節時續航力達6000海浬。艦體兩側各有一條穩定鰭片與兩個穩定翼面，穩定翼分別位於鰭片前、後方。由於艦上各系統高度

下圖：「日向」號直升機航母。（圖片來源：日本海上自衛隊）

自動化，「日向」級雖然滿載排水量高達19000噸，幾乎是「白根」級的兩倍半，但是艦上僅編製347名人員，而噸位只有「日向」級一半的「白根」級卻需要370人之多。「日向」級的艦體總共分為七層甲板，艦體前段設有下甲板機庫，挑高佔兩層甲板；機庫後方是航空機維修甲板，挑高占三層甲板；前段與後段艦體中軸在線，各有一具直升機升降機。飛行甲板下方的第二甲板是綜合功能區，設置了船艦戰情控

本圖：「日向」號直升機航母的「密集陣」近防炮。（圖片來源：日本海上自衛隊）

制中心、軍官生活起居空間與醫療設施，此外還可容納艦隊司令部的人員，並設置艦隊作戰中心。

載機能力

艦載機方面，「日向」級標準配置的官方數字依舊為三架反潛直升機 加上一架大型掃雷/運輸直升機，不過近年防衛廳已經不再遮遮掩掩，公開「承認」「日向」級

下圖：日本SH—60J反潛直升機。SH—60是美國西科斯基公司生產的UH—60「黑鷹」直升機的海軍型號，SH—60J是從海軍型發展出來的反潛型。在日本護衛艦隊中，SH—60J是日本戰艦偵察潛艦的「中堅力量」。它的任務是保護戰艦編隊所在海域，也就是保護某個範圍的海上交通線。它主要用於搜索各艦載探測系統作用距離以外的潛艦。它速度快、機動性強、搜索效率高、範圍廣，彌補了日本驅逐艦探潛能力的不足。再者，它的機載吊放聲吶、磁探儀、搜索雷達也增強了日本護衛艦隊的機動偵察能力。

最多可搭載十一架自衛隊的各型直升機，而且全部均能收容於長達一百二十五米的下甲板機庫；至於飛行甲板則有四個起降點，能同時操作4架直升機。

「日向」級的主力機種將是SH—60K反潛直升機，系由海自原有的SH—60J大幅改良而成，主要改進包括機體延長、換裝新的四葉片複合材料螺旋槳、新型主/被動吊放式聲納、新的戰術數據處理與顯示系統、包括電子支持裝置與誘餌投射器的整合式機載電子戰自衛系統、FLIR、高分辨率的逆合成孔徑雷達等新裝備，武裝包括新式的97式魚雷、反潛炸彈、輕型反艦飛彈等，能執行反潛或反水面任務。

掃雷/運輸直升機則是日本在二○○○年代向英國、意大利採購、並授權日本川崎重工組裝的MCH—101，系合該公司EH—101重型直升

下圖：45型驅逐艦能夠容納一架AW—101「灰背隼」或兩架「山貓」直升機。圖為「勇敢」號飛行甲板上的一架「灰背隼」直升機。

機的掃雷衍生型（有配備機尾跳板艙門），取代日本海自現役的MH—53E掃雷直升機以及S—61運輸直升機隊，作為空中掃雷、運輸以及南極作業之用。

由於「日向」級的甲板強度容許超過三十噸的MH—53E直升機起降，理論上「日向」級要操作同為三十噸級的美制MV—22傾斜旋翼機 或二十噸級的F—35B聯合戰術打擊機也不成問題。因此，「日向」級本身配置的直升機或許不多，但必要時可容納護衛群中其它通用驅逐艦的艦載直升機，將大大增加艦隊的運作彈性。值得注意的是，「日向」級的飛行甲板尺寸（長一百九十五，寬四十米）超過英國「無敵」級、意大利「加裡波底」號、西班牙「阿斯圖裡亞斯親王」號等歐洲輕型航空母艦。

關於「日向」級是否有操作垂直起降戰機的潛力，日本防衛廳曾宣稱此種艦艇是純粹的直升機母艦，甲板不能承受垂直起降飛機的噴流，也沒有滑跳甲板，嵌在艦體中線的升降機限制了可運用的機體尺寸，不利於操作更大型的固定翼戰機；不過「日向」級真實的設計就只有當事人才知道了。就艦體尺寸與甲板強度而言，「日向」級的確有搭載此類機種的潛力，就取決於飛行甲板是否經過對發動機熱焰的強化，以及艦上是否能容納配套的後勤支援設施，以及是否有足夠的彈藥、料件、燃油儲存空間；日本已經決定大規模採購F—35戰機。「日向」級可以容納整支所屬護衛群的所有反潛直升機，統一進行保修與調度作業，使護衛群的遠洋持續作業能力和效率大增，這是過去「榛名」級、「白根」級直升機驅逐艦所達不到的能力。

通信指揮

由於身為具有艦隊旗艦功能的DDH「日向」級將配備最先進的戰情處理系統與指管通情電監偵(C4ISR)裝備。「日向」級的作戰中樞為日本新近開發的先進技術戰鬥系統(Advance Technology Combat System，ATECS)，大量採用現有商用組件技術以降低成本並方便升

本圖：「日向」號直升機航母。（圖片來
源：日本海上自衛隊）

級。ATECS包含先進戰鬥指揮系統(Advanced Combat Direction System，ACDS)、FCS－3改、反潛情報處理系統(Anti Submarine Warfare Computing System，ASWCS)、電子戰管制系統(Electronic Warfare Control System，EWCS)等四個主要部分，以ACDS為核心，連結其它三個部分以及艦上各種雷達、射控、電子戰系統以及武裝，進行防空、反水面、反潛以及電子作戰；而前述ATECS的四個主要部分之間以光相網絡連結，再經由採用民間TCP/IP網絡協議的艦內廣域網絡(Ship Wide Area Network，SWAN)連接艦上其它偵測、武裝等次系統。ASWCS整合了各型艦載聲納，並提供數據給各項反潛武器以及魚雷反制系統。此外，「日向」級將配備先進的衛星通訊與數據鏈網絡系統，以實現與美軍相同的三軍聯合作戰能力，此外也可能具備美國海軍近年來研發的聯合接戰能力(CEC)。

下圖：「日向」號直升機航母的密集陣。
（圖片來源：日本海上自衛隊）

武器裝備

防空方面，「日向」級的主要對空偵測/射控裝備為日本三菱電子精心研發的FCS－3主動式相位數組雷達，負責對空搜索/追蹤以及艦上海麻雀ESSM短程防空飛彈的照射導控。

「日向」級的艦艉配置兩組八聯裝Mk－41垂直發射裝置，其中四管用於裝填裝填十六發四枚一管的ESSM短程防空飛彈，其餘則填入十二枚VLA垂直發射反潛火箭；而在垂直發射器的左邊，還裝有一組獨立的再裝填裝置。除了硬殺手段外，「日向」級還配備Type－1電子戰系統，包括四具Mk－36 SRBOC六聯裝干擾彈發射器，安裝在兩舷各一的延伸平台上，每個平台各裝二具；此外，艦上還設有曳航具四型魚雷反制系統。

反潛方面，「日向」級的艦首設有日本新開發的OQS－21大型低頻聲納，該聲納由正面圓柱狀數組與側面平面數組所組成，整個音鼓長

下圖：「日向」號直升機航母的甲板。（圖片來源：日本海上自衛隊）

度高達四十米，聽音距離與淺水域操作能力勝過現役的聲納系統。與FCS—3一樣，OQS—21同樣也已在飛鳥號試驗艦上測試多年了。由於任務性質使然，「日向」級並未配備拖曳數組聲納系統。除了以反潛直升機投擲武器外，「日向」級本身也配備了兩組三聯裝HOS—303魚雷發射器（安裝於艦體後段兩側的艙門內），除了Mk—46Mod5魚雷外，還可發射日本自製的新型97式反潛魚雷。最初「日向」級預定配備自行開發的「日本版VLA」，其戰鬥部換為97式魚雷，有效射程較搭載Mk—

46魚雷的美國原裝VLA的十千米大幅增至十八千米；不過爾後為了節省成本，日本版VLA遂遭到取消，還是採用美國原裝的VLA。此外，艦上SH—60K直升機也以97式魚雷做為武裝。

　　為了遂行近接防禦，「日向」級還設有四挺十二點七口徑毫米機槍，左右舷各裝兩挺，其中位於右舷的兩挺分別安裝於艦島前、後方的甲板上，左側的兩挺則分別設置於左舷前、後段各一的延伸平台上。

「日向」號技術數據	
標準排水量：13950噸	武備：
滿載排水量：18000噸	Mk15 Block 1B 近程防禦系統 *2
主尺度：197米*33米*48米	HOS—303 3聯裝魚雷發射管 *2
吃水：7米	12.7毫米高射機槍 若干
飛行甲板：195米*40米	八聯裝Mk—41海麻雀點防禦飛彈發射器*2
動力：4台LM—2500燃氣渦輪組成的COGAG形式，採用雙軸推進	艦載機：
速力：30節以上	SH—60K反潛直升機 3架
續航力：6000海里/20節（預估）	MCH—101掃雷/運輸直升機 1架
成員：約322名	機庫可容納11架直升機

「榛名」級 、「白根」級 、「日向」級性能比較表

	「榛名」級	「白根」級	「日向」級
標準排水量	4950噸	5200噸	13950噸
滿載排水量	6850噸	6800噸	18000噸
主要武備	2座127毫米/54自動火炮2座「密集陣」20毫米火炮 2座三聯反潛魚雷發射管 1座八聯裝「海麻雀」飛彈發射裝置 1座八聯裝「阿斯洛克」反潛飛彈發射裝置	同「榛名」級	Mk41垂直發射系統 2座三聯裝魚雷發射管 12.7毫米機槍若干
機庫容量	3	3	11
平時搭載量	3	3	3
直升機同時著艦能力	單機	單機	3架
航速	31節	32節	30節以上

下圖：「日向」號直升機航母的雷達外觀。（圖片來源：日本海上自衛隊）

關於日本建造航母的合法性

日本《和平憲法》第九條及相關國際條約的明文規定：日本的軍事實力只能維持在自衛所需的水平，總兵力不得超過十萬人，軍艦數量不得超過三十艘，總排水量不得超過十萬噸，不能擁有航母及核動力潛艦，作戰飛機數量不得超過五百架，不得擁有遠程轟炸機，不得發展彈道飛彈技術。

下圖：「日向」號直升機航母。（圖片來源：日本海上自衛隊）

命名原則

按照日本海軍艦艇命名傳統，「日向」這個名字來自日本古國名。該艦長一百九十五米，型寬三十二米，標準排水量13500噸，滿載排水量18000噸，編製322人。這是日本自二戰結束以來建造噸位最大的軍用艦艇。在動力方面，該艦採用了美日大型艦艇慣用的全燃動力配置，共裝四台美國通用公司LM2500燃氣輪機。這種燃氣輪機普遍裝備在美國「提康德羅加」級、

「伯克」級等大型艦艇上，日本海自的「金剛」級、「愛宕」級等艦也採用了這一型號的燃氣輪機作為動力，應該來說這是目前世界上性能最穩定、應用最廣泛的船用燃氣輪機。按照慣例，這四台燃氣輪機採用「2—2」聯動的方式安裝，在低速巡航時，每台機組驅動兩個螺旋槳中的一個進行航行；當需要高速行駛時，四台機組全部開動，每兩

台機組驅動一個螺旋槳；在全速前進時，「日向」號的航速可以達到三十節。

作戰能力

在日本海自的作戰序列裡，「日向」號最現實的任務是取代已經老舊的「榛名」級和「白根」級直升機驅逐艦，成為新的反潛直升機搭載母艦。日本海上自衛隊一向重視海上反潛作戰，反潛直升機則是反潛戰的利器。雖然日本絕大

下圖：日本「日向」號戰艦與美軍CVN—73航母伴航。（圖片來源：日本海上自衛隊）

多數在役驅逐艦都有搭載反潛直升機的能力，但是其依然致力於發展專門的反潛直升機搭載艦。在上世紀七○年代，日本建造了兩艘「榛名」級和兩艘「白根」級直升機驅逐艦，作為艦隊直升機反潛的核心力量。隨著「榛名」、「白根」兩級的淘汰，新的直升機反潛核心艦角色自然落到了「日向」號上。在該艦設計之初，日本方面聲稱「日

下圖：日本「日向」號戰艦與美軍CVN—73航母伴航。（圖片來源：日本海上自衛隊）

向」號在日常情況下可以搭載兩架SH—60K反潛直升機和一架MCH101大型掃雷/運輸直升機(歐洲EH101直升機的日本特許生產型)。但是從「日向」號寬大的艦體和全通甲板就可以看出，該艦的實際搭載能力遠遠不止這些。隨著該艦的下水，日本方面漸漸不再遮遮掩掩，「坦然」宣佈「日向」號可以搭載十一架各種型號的直升機。這樣一來，其反潛作戰時覆蓋的範圍將大大超過「榛名」和「白根」。另外，強

大的直升機搭載能力使得「日向」號不僅可執行反潛、掃雷等任務，還有條件承擔對陸攻擊和對岸垂直兵力投送的任務。

「日向」號最能體現其技術先進性的地方，則是位於艦橋上的四組FCS—3主動相控陣雷達天線。這種雷達是日本三菱電子於上世紀八〇年代中期開始開發的，陸上測試型號(採用單面旋轉天線)於一九八八年起開始測試，一九九〇年開始艦載型號的開發，並正式確定採用

四面固定陣列天線佈置。一九九三年，艦載型號開始安裝在「飛鳥」號試驗艦上進行測試。值得一提的是，FCS—3還是世界上第一種裝艦的主動相控陣雷達。FCS—3的每面八邊形天線尺寸為1.6米×1.6米，裝有1600個砷化鎵半導體主動收/發單元，工作波段為C波段。該雷達相比美國海軍的SPY—1「宙斯盾」系列

下圖：二〇〇九年三月十八日，「日向」號直升機驅逐艦服役。（圖片來源：portico）

本圖：二〇〇九年三月十八日，「日向」號
直升機驅逐艦服役。該艦是一艘直通甲板型
直升機母艦，將作為日本護衛艦隊的一艘指
揮艦。（圖片來源：日本海上自衛隊）

被動相控陣雷達，雖然探測距離更近，但是探測小目標的精度更高，作為近程防空雷達是非常優秀的。最初，日本打算給FCS一3雷達配備的防空飛彈是其自行研製的AHRIM主動制導艦載防空飛彈，為AAM一4主動雷達制導中程空空飛彈的艦載型號。但是因為預算和技術問題，AHRIM飛彈還無法馬上服役投入使用。為了能及時形成戰鬥力，日本只好採用美國「海麻雀」近程防空飛彈，所有十六發飛彈全部裝在艦艉的兩組八單元Mk41垂直發射系統內。由於「海麻雀」採用慣性制導+末段半主動雷達制導體制，需要在飛彈彈道末段為其提供雷達照射信號，為此日本在FCS一3天線右下方加裝了一塊約0.5米×0.5米的小型天線專門為其提供末段雷達照射源。這塊小天線其實就是直接取材於F一2戰機的相控陣雷達天線，工作波段在x波段。這種加裝了主動照射雷達的FCS一3雷達被稱為FCS一3改，也就是「日向」號現在裝備的雷達。FCS一3改可以同時追蹤、鎖定多個目標並引導「海麻雀」飛彈抵抗敵

飽和攻擊。在「飛鳥」號試驗艦上測試的時候，FCS一3改雷達有過非常出色的表現——當時使用的靶標是由127毫米艦炮炮彈改裝而來的，「飛鳥」號的FCS一3改雷達在電子干擾環境下準確探測到靶標、無一漏網，可見這種雷達性能之優異。除了FCS一3改雷達和配套的「海麻雀」防空飛彈，「日向」號的防空武器還有兩座「密集陣」近防系統，可對漏網的反艦飛彈進行最後攔截。

在反潛方面，「日向」號艦首裝有OQS一21大型艦殼低頻聲吶。該聲吶由正面的圓柱狀陣列和側面的平面陣列組成，水聲探測能力非常出色。不過，「日向」號並沒有配備拖曳聲吶設備。在反潛武器方面，除了搭載的直升機，「日向」號還裝備了兩座HOS一303型324毫米三聯裝反潛魚雷發射器，可以發射Mk一46mod5反潛魚雷和日本國產97式反潛魚雷。另外，在艦艉的兩座八單元Mk41垂直發射系統裡，除了前面提過的十六發「海麻雀」防空飛彈外，還裝有十二枚「阿斯洛

克」反潛飛彈。

作為擁有艦隊指揮功能的大型戰艦,「日向」號配備了完善的綜合指揮系統(CI4SR),其選用的是日本新近開發的「先進技術戰鬥系統」(Advance TechnologvCombat System,ATECS)。該系統大量採用商用組件技術以降低成本並且方面升級,主要包含先進戰鬥指揮系統、FCS一3改相控陣雷達、反潛情報處理系統和電子戰管制系統四個部分組成。四個組成部分以及下轄的各種武器裝備可以統一在一起同時進行防空、反潛和Fgy一戰等作戰任務。除了內部系統之間通過光纜和網絡數據線連接外,ATECS還可以通過通用的數據鏈借助衛星等設備和美國海軍做到信息共享、協同作戰。

下圖:「日向」號直升機航母。(片源:日本海上自衛隊)

「大隅」級兩棲攻擊艦

概況

「大隅」號兩棲攻擊艦於個一九九六年十一月十八日下水，一九九八年三月服役，裝備日本海上自衛隊運輸大隊，計劃建造兩艘，當時是日本海上自衛隊作戰艦艇中外部尺寸最大、標準排水量最高的艦艇。主要用於搭載重型直升機、LCAC氣墊登陸艇，運送坦克和裝甲車輛、人員和作戰物資進行登陸作戰。該艦作戰能力實質上早已超出了日本海上自衛隊防衛作戰的需要，是日本軍力急劇膨脹的一個縮影。

該艦的建成，創下了戰後日本海軍艦艇史上數個第一：艦體長度第一，作戰艦艇中標準排水量第

下圖：4001艦「大隅」級兩棲攻擊艦「大隅」號（圖片來源：日本海上自衛隊)

一。在兩棲艦船中，首次採用隱形設計，無前開門，搭載直升機和氣墊登陸艇並裝備2座「密集陣」近防炮。

「大隅」號主艦體橫斷面呈V字型，艦首具有較大的前傾斜度，兩舷外飄。上層建築呈倒V字型結構，採用向內傾斜角度，具有較好的隱身效果。「大隅」號一次可運載三百三十名陸戰隊員、十輛90型主戰坦克及數架CH—47型重型直升機。傳統登陸艦的艦艏近水線處一般設有大門和跳板裝置，主要是為了使坦克、車輛和登陸部隊在敵岸直接搶灘登陸。這樣就要求艦艏部位線型肥鈍，對於提高艦艇的航速和適航性不利，「大隅」號艦艏不再開門，艦體水線以下部分比較尖瘦，水線以上部分充分向外伸展，降低了航行阻力，提高了艦艇的航速和適航性能。艦尾設置了升降機

下圖：日本計畫建造四艘「大隅」級兩棲船塢運輸艦/戰車登陸艦，「下北」號是其中的第二艘，該艦兼有兩棲船塢運輸艦和戰車登陸艦的功能，還有1個艦艉塢艙。

井梯，搭載兩艘從美國訂購的LCAC氣墊登陸艇；主甲板上配備兩部大型直升機升降機，用來搭載CH—47;型重型直升機。該艦的使用，突破了日海軍以往登陸艦單一的搶灘登陸模式；既可憑借氣墊登陸艇搶灘登陸，又可以借助艦載直升機實施垂直登陸。

下圖：CH—47JA型直升機裝備有雷達、AAQ—16型前視紅外雷達以及大航程油箱，這些裝備極大地提高了這種在日本陸上自衛隊服役的直升機的作戰性能。從1999年開始CH—47JA型直升機在日本陸上自衛隊服役。（圖片來源：portico）

研製背景

日本原來兩棲戰艦艇的力量比較薄弱，為此，二十世紀七十年代開始加大了發展力度，建造了「三浦」（Miura）和「渥美」（Atsumi）兩級中型坦克登陸艦各三艘。這兩級艦是二戰時期美國同類艦的改型，具有明顯的弱點，主要是排水量太小（分別是1500噸和2000噸），速度低（十三節左右），與日本當時積極擴充遠洋作戰能力的要求極不適應。在這種情況下，

八十年代初期日本決定繼「三浦」和「渥美」級之後再發展新一級大型登陸艦。對新艦的基本要求是速度快，裝載量大，適合現代兩棲作戰的要求。

按照這種要求，日本海上自衛隊在一九八六年至一九九〇財年計劃中提出建造兩艘3500噸級船塢登陸艦的請求，擬與已有的坦克登陸艦一起，組成兩個兩棲戰鬥群（分別由1艘船塢登陸艦和三艘坦克登陸艦組成），每個戰鬥群可載運一個加強營的登陸部隊。由於這一計劃涉及到增強日本海上自衛隊的力量投送這一敏感問題，因而遭到強烈反對，未獲批准。一九八九年，日本海上自衛隊又提出建造一艘5600噸級坦克登陸艦的新方案。該艦名為坦克登陸艦，實則類似於意大利剛剛服役的「聖喬治奧」（San Giorgio）

下圖：4001艦「大隅」級兩棲攻擊艦「大隅」號 （圖片來源：日本海上自衛隊)

CH—47D「支努干」
主要部件剖面圖

1 空速管；

2 前燈；

3 前艙檢查口；

4 減震器；

5 敵我識別天線；

6 風擋玻璃；

7 風擋雨刷；

8 儀表板護罩；

9 方向舵踏板；

10 左側偏航傳感器；

11 下視窗；

12 飛行員踏腳板；

13 總距控制桿；

14 週期變距控制桿；

15 副駕駛座椅；

16 中央儀表台；

17 飛行員座椅；

18 下滑道指示器；

19 前變速箱殼整流罩；

20 駕駛艙頂窗；

21 通往主機艙的門；

22 駕駛艙逃生出口；

23 可滑動的側窗玻璃；

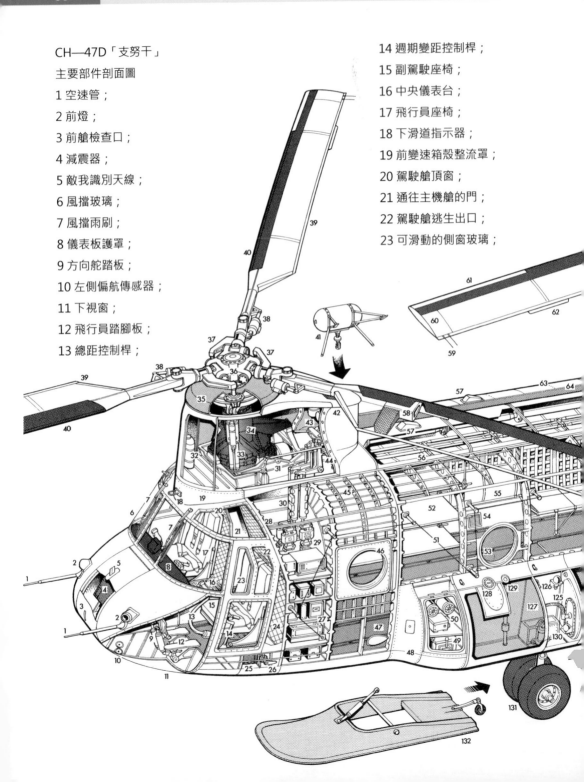

24 駕駛艙壁；

25 減震器；

26 駕駛艙門釋放手柄；

27 無線電和電子設備架；

28 傾斜艙壁；

29 駕駛桿助力裝置；

30 增穩系統傳動裝置；

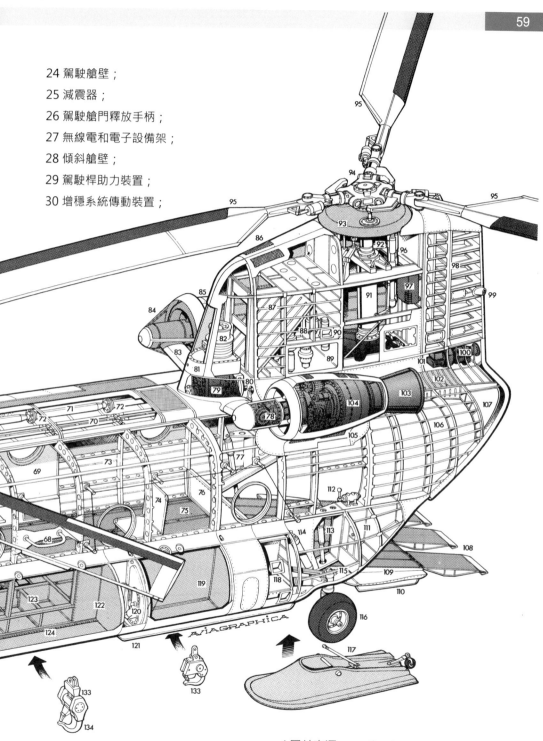

（圖片來源：portico）

31 前部傳動裝置安裝框架結構；

32 風擋清洗器瓶；

33 旋翼控制液壓千斤頂；

34 前傳動齒輪箱；

35 槳轂整流罩；

36 前槳轂機械裝置；

37 槳葉螺距控制手柄；

38 槳葉阻力鉸減擺器；

39 玻璃纖維槳葉；

40 帶除冰裝置的鈦金屬槳葉前緣；

41 救援用絞盤；

42 前轉動後整流罩；

43 液壓系統模塊；

44 控制手柄；

45 前機身和縱梁結構；

46 緊急逃生窗口右側主艙門；

47 貨物地板前緣；

48 燃油箱機身邊整流罩；

49 電池；

50 電子系統裝備艙；

51 高空天線電纜；

52 擔架安放支架（最多可放24副擔架）；

53 機艙窗玻璃；

54 機艙加熱器送風管出口；

55 部隊座椅（靠背緊貼機艙壁）；

56 機艙頂傳動和控制通道；

57 編隊燈；

58 旋翼槳葉橫截面；

59 靜電放電器；

60 葉片平衡器和配重；

61 槳葉前緣防侵蝕護套；

62 固定翼片；

63 機體蒙皮；

64 維護通道；

65 傳動通道檢查門；

66 部隊座椅，最多可搭載44名士兵；

67 吊貨鉤檢查口；

68 甚高頻全向無線電信標；

69 機艙內襯；

70 操縱線路；

71 主傳動軸；

72 傳動軸耦合器；

73 中部機身結構；

74 中央通道座椅（可選擇）；

75 主載貨地板，貨物可用空間1440英尺3
（40.78米3）；

76 水上作業時的可升降防水壩；

77 防水板升降液壓動作筒；

78 引擎錐形傳動齒輪箱；

79 傳動綜合齒輪箱；

80 轉子制動器；

81 傳動滑油箱；

82 滑油冷卻器；

83 引擎驅動軸整流罩；

84 引擎防護網；

85 右側引擎機艙；

86 冷卻空氣格柵；

87 尾部旋翼支撐結構；

88 液壓設備；

89 檢查口；

90 維護梯；

91 尾部旋翼驅動軸；

92 尾部旋翼軸承架；

93 槳轂整流罩；

94 尾部旋翼漿轂機械裝置；

95 主旋翼漿葉玻璃纖維結構；

96 旋翼控制液壓千斤頂；

97 減震器；

98 後部旋翼支架後整流罩結構；

99 尾燈；

100 「索拉」T62T—2B輔助動力設備；

101 輔助動力設備驅動發電機；

102 維護通道；

103 引擎排氣管；

104 萊科明公司T55—L—712型渦輪軸引擎；

105 可拆卸的引擎罩；

106 後機身和縱梁結構；

107 後部貨運艙門；

108 防水附加物；

109 貨物裝卸跳板，放下狀態；

110 腹鰭；

111 機體側面整流罩後部延長結構；

112 跳板控制手柄；

113 跳板液壓千斤頂；

114 後起落架減震器；

115 起落架支柱；

116 單輪式後機輪；

117 後機輪滑橇裝置；

118 維護梯；

119 後燃油箱；

120 燃油箱連接頭；

121 機腹；

122 主燃油箱，系統總容量為1030美制加侖（3899升）；

123 地板橫樑結構；

124 燃油箱連接頭；

125 燃油管道系統；

126 燃油滅火器；

127 前燃油箱；

128 燃油加油口蓋；

129 燃油容量傳感器；

130 前起落架懸掛；

131 雙前輪；

132 前輪滑橇裝置；

133 3個一組的貨物吊鉤系統，前後吊鉤起吊能力20000磅（9072千克）；

134 主貨物吊鉤，起吊能力28000磅（12710千克）。

下圖：4001艦 「大隅」級兩棲攻擊艦「大隅」號 （圖片來源：日本海上自衛隊)

駕駛員座艙

「支努干」直升機的駕駛員座艙規模大且配置現代化，駕駛員（右側）和副駕駛（左側）座椅並排設置，座艙入口處有一個可折疊彈射座椅。像英國皇家空軍和陸軍航空兵的所有戰術直升機一樣，「支努干」HC MK1型直升機配備精確導航電腦。少數空軍型的「支努干」HC MK1型直升機在駕駛員座艙配備了夜視導航設備，其中一架在馬爾維納斯群島戰爭期間，成功地從即將沉沒的英艦「大西洋運送者」號上脫身，並且在戰區執行了至關重要的重型運輸任務。

主起落架

「支努干」直升機採用不可回收的四點輪式起落裝置，前部兩個起落裝置採用雙輪，配備液壓制動裝置，所有四個起落裝置均採用液壓減震器，其中三個可採用分離式輪橇。主輪胎可承受6.07個大氣壓。

（圖片來源：portico）

級兩棲船塢運輸艦，坦克登陸艦是其避免遭受譴責的一個『雅稱』。日本海上自衛隊擬以其為核心組成一個兩棲戰鬥群。該方案後來也被撤消。 上世紀八十年代到九十年代初，日本在籌劃新型兩棲戰艦的同時，不時放出風聲，欲建「白根」（Shirane）級和「榛名」（Haruna）級那樣的可載直升機的大型驅逐艦，此舉也遭到國外強烈反對。儘管如此，日本海上自衛隊將大型兩棲戰艦和載機方案結合到一起，於一九九二年提出了新一級兩棲戰艦方案，這就是今天的「大隅」（Osumi）級兩棲攻擊艦。

研製計劃

日本官方將「大隅」級稱為「新型輸送艦」，意思是說它屬於兩棲運輸艦一類。但由於它採用島式上層建築、直通甲板的構形，使它的外形酷似兩棲攻擊艦或輕型航

下圖：4001艦 「大隅」級兩棲攻擊艦「大隅」號 （圖片來源：日本海上自衛隊）

母，因而自方案問世以來引起不少議論。權威的《簡氏年鑑》雖將該級研製過程中曾使用過的「坦克登陸艦」和上述「新型輸送艦」兩種叫法混合起來，稱其為「兩棲船塢運輸艦/坦克登陸艦」，但同時評論道：「就其直通甲板、艦尾設塢井而言，與其說它是坦克登陸艦不如說它更像一級小型兩棲攻擊艦。」「該艦艦首似乎尚未完成，可能將裝（供垂直短距起降飛機使用的）滑躍式甲板。」法國《戰艦年鑑》

則直呼「大隅」級為兩棲攻擊直升機母艦。日本國內媒體曾直言不諱地披露道，「大隅」號有改裝為輕型航母的可能。有鑑於日本近年來大力擴充海上自衛隊力量，不斷揚言要發展航母的事實，國際上一些權威性防務雜誌認為「大隅」級將來可能會改裝或改用為輕型航母。對於「兩棲攻擊艦」或「輕型航

下圖：4001艦 「大隅」級兩棲攻擊艦「大隅」號 （圖片來源：日本海上自衛隊)

母」之說，日本官方以多種理由予以否認，主要理由之一是艦上只能臨時搭載兩架大型直升機，無機庫和飛機維修能力，與兩棲攻擊艦通常所需的強大的垂直登陸和空中火力支援能力相差甚遠；其二是該級艦隻具有驅護艦水平的指揮通信能力，沒有裝備兩棲攻擊艦所應具備的對陸、海、空部隊進行指揮、控制的指揮系統。這兩點不過是一種

托辭，與日本多年來在『自衛』的幌子下以各種名目掩飾其大力發展海軍裝備的辭藻相一致，目的是為掩人耳目。

至於何以採用直通甲板，日本的說法更站不住腳，它們解釋為裝車輛用。「大隅」級是日本為發展遠洋兩棲兵力投送能力而建造的兩棲攻擊艦是明白不過的事實。它除排水量較小（滿載排水量14700噸，與之相比，美國「黃蜂」級為4萬噸，意大利、英國為20000噸）外，具備了兩棲攻擊艦的所有特徵，如

下圖：「大隅」級兩棲攻擊艦後方的單片式大門可以供LCAC氣墊船出入（圖片來源：日本海上自衛隊）

直通飛行甲板、艦尾塢井。車輛甲板、貨物艙、登陸部隊生活設施、以直升機和氣墊登陸艇進行登陸作戰等。至於直升機數量與設施和指揮系統等，日本海上自衛隊早在一九九五年就有明確說法，即該級艦可用現成的成套器材改裝為直升機母艦。這表明「大隅」級在設計上留有改裝的餘地，而且不需要對結構進行大的變化。指控系統的改裝自然也屬成套改裝的內容。就日

下圖：「大隅」級兩棲攻擊艦船艙 (圖片來源：日本海上自衛隊)

本與西方的關係及經濟實力而言，如有需要，加裝滑躍起飛甲板，搭載垂直短距起降飛機並不是什麼難事。由於顧及國際輿論，日本海上自衛隊可能會在短時間內不採取改裝措施，保持原貌，但從艦型和在戰時可能發揮的作用講，稱其為兩棲攻擊艦較之其他更為恰當。

結構性能

「大隅」號在艦艏、艉各裝備了1座「密集陣」近防武器系統。該系統射速3000發/分，採用

Mk140型脫殼穿甲彈，彈芯由貧鈾製成，彈箱備彈1000發。由於採用了VPS－2型搜索和火控雷達以及脈衝多普勒跟蹤雷達，對目標的搜索與跟蹤能力很強；系統作戰反應時間小於四秒，一次反導耗彈量約二百發，作戰區域為四百六十米至一千八百五十米。該艦於一九九八年三月正式服役。

下圖：「大隅」級兩棲攻擊艦甲板（圖片來源：日本海上自衛隊)

技术特点分析及述评

「大隅」級是日本面向對世紀建造的新一代主力戰艦之一，它徹底告別了原有的老式兩棲戰艦，使日本海上自衛隊跨入擁有現代主流兩棲戰艦的行列。

「大隅」級採用了直通式飛行甲板、島式上層建築型式。這種酷似輕型航母或直升機母艦的外形是繼美國海軍「塔拉瓦」級之後出現的典型的兩棲攻擊艦所採用的外形。不僅如此，該艦內部結構也具有典型特徵。飛行甲板下面設一層

上圖：「大隅」級兩棲攻擊艦可搭載重型CH—47直升機（圖片來源：日本海上自衛隊)

「大隅」號技術數據

主尺度與排水量：標準排水量8900噸
滿載排水量：14700 噸
總長：178 米
艦寬：25.8米
吃水：6 米
飛行甲板長：130 米
飛行甲板寬：23米
航速：22 節
艦員：135名
動力裝置：主動力裝置：2台三井公司16V42M柴油機，20290千瓦，雙輪推進；2台首都側推進器。
武器　艦炮：2座6管Mk15型20毫米「密集陣」近程武器系統；2挺20毫米「海火山」機槍。

固定翼飛機：具有潛在的垂直短距起降飛機搭載能力。直升機：2架，若經改裝可搭載多架大型直升機。
電子設備
雷達：1部三菱公司的OSP—14C對空搜索雷達；1部日本無線電公司的OPS—28D對海搜索雷達；1部日本無線電公司的OPS—20導航雷達。
軍運能力
陸戰隊隊員：330名；登陸艇：2艘LCAC氣墊登陸艇；其他：10輛90型坦克或1400噸物資。

上圖：「大隅」級兩棲攻擊艦可搭載兩艘氣墊船 (圖片來源：日本海上自衛隊)

下圖：4002艦 「大隅」級兩棲攻擊艦「下北」號 (圖片來源：日本海上自衛隊)

從首至尾的通長甲板,上面主要佈置各種居住艙和生活設施。其下方為車、艇存放空間,其中尾段五十多米為干式塢井甲板及高速沉浮系統,可攜載兩艘氣墊登陸艇,其前方為八十至二十三米的車輛甲板,車兩甲板前後兩端各設一台大型升降機通往飛行甲板。車輛甲板可以改裝為機庫,存放六至八架大型垂直登陸直升機,形成一定規模的平面登陸(氣墊船)和垂直登陸(直升機)能力。

「大隅」級塢井設在尾部,易於艦型優化,航速可達到22節。根據「大隅」級的艦體線形計算,只需主機增加相對較小的功率,最大航速便可達到27節。

「大隅」級艦體是按兩棲攻擊艦設計和建造的,但目前是按兩棲船塢運輸艦進行系統配置的,因而

下圖:4003艦 「大隅」級兩棲攻擊艦「國東」號 (圖片來源:日本海上自衛隊)

上圖：4003艦 「大隅」級兩棲攻擊艦「國東」號 （圖片來源：日本海上自衛隊）

下圖：4003艦 「大隅」級兩棲攻擊艦「國東」號 （圖片來源：日本海上自衛隊）

留有較大的改裝餘地。從載機方面講，其車輛甲板可以改裝為機庫，飛行甲板首端可以加裝滑躍式起飛甲板，使其可以搭載直升機和垂直短距起降飛機混合航空組，成為真正意義上的兩棲攻擊艦，執行兩棲作戰和制海與反潛任務。

大隅級共建造三艘，分別是4002艦「下北」號，4003艦「國東」號。

右圖：4002艦 「大隅」級兩棲攻擊艦「下北」號 （圖片來源：日本海上自衛隊）

本圖：4003艦「大隅」級兩棲攻擊艦「國東」號（圖片來源：日本海上自衛隊)

本圖：4001艦 「大隅」級兩棲攻擊艦「大
隅」號 （圖片來源：日本海上自衛隊)

本圖：4001艦「大隅」級兩棲攻擊艦「大隅」號（圖片來源：日本海上自衛隊)

上圖：「愛宕」級首艦177「愛宕」號前甲板（圖片來源：日本海上自衛隊）

Chapter 3
水面主力戰艦

「秋月」級驅逐艦

從二戰開始，日本前後共建造三代「秋月」級驅逐艦。

初代「秋月」級驅逐艦是日本帝國海軍在二戰中為保護免受來自空中攻擊的一等驅逐艦，按日本當時的驅逐艦劃分屬於「乙型驅逐艦」（防空艦），也是二戰中唯一的一級乙型驅逐艦。總共建造13艘。

二戰後日本為了反潛需要，於上世紀五十年代繼「春風」級後又開始第二代「秋月」級驅逐艦的建設，該型艦總共建造兩艘。

在二〇〇七年，為了滿足「初雪」級驅逐艦退役的空缺，日本又開始第三代「秋月」級驅逐艦的建設，已經下水四艘。

第三代「秋月」級驅逐艦

第三代「秋月」級驅逐艦是日本海上自衛隊最新建造的多用途驅逐艦。由於其首艦預算通過年度為

下圖：「秋月」級首艦 115「秋月」號（圖片來源:日本海上自衛隊）

上圖和下圖：測試中的「秋月」級首艦 115「秋月」號（圖片來源:日本海上自衛隊）

平成十九年（即二〇〇七年），因此被稱為「19DD」.其首艦「秋月」號於二〇一〇年十月下水。

「秋月」級護衛艦的定位除了傳統驅逐艦與巡防艦的任務外，如何替補搜索系統的缺口為其設計要點，海上自衛隊對其定位為「具備一定能力之搜索能力，可在必要時填補「宙斯盾」艦之防空缺口的強力泛用驅逐艦」。

新一代的「秋月」號最引人注目的地方就是配備了日本版的宙斯盾系統（先進技術戰鬥系統），這是日本在艦載武器系統領域取得一

個決定性的突破。根據日本海自一貫的「示弱」傳統，19DD被稱為「平成十九年度護衛艦」，實際上其滿載排水量為6800噸，可以說是不折不扣的驅逐艦。19DD配備的先進技術戰鬥系統—ATECS包括先進戰鬥指揮系統—ACDS、改進3型火控系統—FCS—3改、綜合反潛系統—AWSCS、電子戰控制系統—EWCS等組成，系統商規標準的UYQ—70顯控台，各分系統採用光纖為介質數據總線進行有機相聯，形成全艦的綜合武器系統，協同實施防空、反艦、反潛及電子戰，19DD最明顯的標誌就是配備的FCS—3型有源相控陣雷達。

低空目標探測能力增強

FCS—3型有源相控陣雷達安裝方式與宙斯盾相同，採用四片式安裝在上層建築上面，達到了對周圍的全向覆蓋，能夠有效的對付飽和攻擊。資料顯示FCS—3的天線陣面尺寸為1.6×1.6米，陣元為1600個T/R模塊，最大探測距離為二百千米，

下圖：「秋月」級4號艦　118「冬月」號二〇一二年八月22日下水（圖片來源:日本海上自衛隊）

可以同時掌握三百個目標,從這些指標來看FCS—3天線的陣元數量大約相當於OPS—24的一半,因此其重量肯定要小於OPS—24,這樣意味著FCS—3可以裝備到較高的地方,從而擴大艦艇水天線的範圍,從擴展艦空飛彈的攔擊線。

抗飽和攻擊能力超過「伯克」級

19DD配備的是「海麻雀」艦空

飛彈,「海麻雀」採用的是指令加中繼慣導加末段半主動雷達制導的復合制導方式,需要末段制導雷達的照射,而FCS—3採用C波段無法為其提供照射,所以日本採用在C波段陣面下增加一個X波段照射陣面的辦法來解決這個問題,這個X波段照射陣面直接來源於日本F—2戰鬥機上面的J/APG—1有源相控陣雷達,採用相控陣照射天線陣面最大的好處就是提高19DD對付多目標的能力,從而大大提高抗擊反艦飛彈飽和攻擊

下圖:測試中的「秋月」級首艦 115「秋月」號(圖片來源:日本海上自衛隊)

上圖:「秋月」級首艦 115「秋月」號裝備的日產先進雷達(圖片來源:日本海上自衛隊)

下圖:測試中的「秋月」級首艦 115「秋月」號(圖片來源:日本海上自衛隊)

能力。

　　傳統的「宙斯盾」戰艦如美國的「伯克」級雖然可以同時攻擊十二個目標,但是其艦空飛彈照射雷達AN/SPG—62卻同時只能照射一個目標,必須通過機械轉動才能照射第二個目標,因此降低了系統的反應速度,尤其是特定的方向上,「伯克」級的AN/SPG—62採用前一後二的佈置方式,因此在艦首方向起作用的只有一部雷達,因此向此方向來襲飛彈超過四枚的時候,可能就會超過雷達的能力。

下圖：「秋月」級首艦 115「秋月」號裝備的日產先進雷達（圖片來源：日本海上自衛隊）

而採用相控陣照射陣面可以利用相控陣電子掃瞄的優點，可以迅速的在多個目標間轉移波束，或者同時照射多個目標，從而可以提供多個火力通道，攻擊多個目標，這樣就大大提高系統對付多目標的能力，特別是可以方便的增加天線的陣元，從而提高天線的照射功率，這樣就可以為遠程艦空飛彈如標準2MR提供照射，配合FCS—3的較強的探測能力，就可以方便的讓19DD具備中遠程防空火力。

舷號	艦名	開工日期	下水日期	服役日期	母港
DD115	「秋月」號（19DD）	2009年	2010年	2012年	三菱重工・長崎造船廠
DD116	20DD	2010年	2011年	2013年	三菱重工・長崎造船廠
DD117	21DD	2011年	2012年	2014年	三菱重工・長崎造船廠
DD118	「冬月」號（22DD）	2011年	2012年	2014年	三井造船・玉野事業所

「秋月」級技術數據

標準排水量：5000噸
滿載排水量：6800噸
全長：150.5米
全寬：18.3米
型深：10.9米
吃水：5.3米
鍋爐：4座勞斯萊斯SM1C燃氣渦輪發動機
動力：COGAG聯合動力裝置，雙軸推進
功率：64000匹（PS）
最高速度：30節
乘員：約200人
艦載機：2架UH—60K黑鷹直升機或1架
　　　　MCH—101掃雷直升機
武器裝備：
Mk 45 mod4一門

4連裝90式反艦飛彈發射管兩具
Mk 41四組32管
CIWS兩門
HOS—303三連裝發射管兩具
射控裝置：FCS—3A火力射控系統
　　　　　海軍戰術資料鏈（OYQ—
　　　　　11戰術情報處理系統，搭配
　　　　　Link11/14/16資料煉）
偵搜設備：FCS—3A雷達
　　　　　OPS—20C水面雷達
　　　　　OQQ—22整合聲納系統（艦首
　　　　　聲納+OQR—3拖曳陣列聲納）
電戰系統：NOLQ—3電戰系統
　　　　　Mk 36 SRBOC

「愛宕」級驅逐艦

　　「愛宕」級飛彈驅逐艦是「金剛」級宙斯盾飛彈驅逐艦的改進型，由日本三菱重工長崎造船廠建造，共建造兩艘(DDG－177「愛宕」號、DDG－178「足柄」號)。屬於日本海自新一代主力戰艦，也是日本彈道飛彈防禦計劃的重要組成部分。

建造背景

　　「愛宕」級驅逐艦首艦「愛宕」號編號為DDG－177，艦名來源於日本京都近郊的愛宕山。日本海軍史上有兩艘著名的「愛宕」號。其一是日本計劃建造的「天城」級戰列巡洋艦的3號艦，由於《華盛頓海軍條約》規定所限，該艦還沒建成就在船台上解體了。其二是二戰期間「高雄」級重巡洋艦的2號艦。

　　「愛宕」級改進了「金剛」級的設計不足，其設計藍本是美國「阿利·伯克ⅡA」型驅逐艦的第13

右圖：日本「足柄」號 (圖片來源：日本海上自衛隊)

上圖：「愛宕」級首艦177「愛宕」號前甲板上的64單元垂發系統　（圖片來源：日本海上自衛隊）

下圖：「愛宕」級首艦177「愛宕」號（圖片來源：日本海上自衛隊）

號艦DDG—91「平克尼」號，改變了日本傳統的垂直桁架桅桿，安裝了同「阿利・伯克」級一樣的迎風後傾多面體三腳桅桿，提高了隱身性能。佈置Mk41垂直發射系統艦艏64單元，艦艉32單元，可混裝「標準2」和「阿斯洛克」，可改裝具有攔截彈道飛彈能力的「標準」SM—3 Block I A型飛彈。可搭載SH—60k直升機一架。

「愛宕」火控系統採用宙斯盾系統Baseline 7 phase 1型，這是一種美日聯合設計的系統，而「金剛」級和「愛宕」基本武器裝備都類似。針對「金剛」級反潛能力的不足，「愛宕」級專門增加了能容納兩架反潛直升機的機庫，並配置了兩架先進的SH—60J型反潛直升機。

然而與「伯克IIA」型不同的是，「愛宕」級並未放棄反艦「魚

下圖：「愛宕」級首艦177「愛宕」號（圖片來源：日本海上自衛隊）

叉」飛彈。「伯克I」型的「魚叉」飛彈是安置在艦艉，增加了直升機庫後就被迫取消掉；而「金剛」級的反艦飛彈則安裝在兩座煙囪間，因而在「愛宕」級的改裝上得以保留。再加上原本就已經是世界頂級的防空系統，可以說「愛宕」級擁有完整而強大的防空、反艦、反潛能力，它將是世界上火力最強大、裝備最完善的驅逐艦。

和以往一樣，日本繼續在「愛宕」級的排水量上玩文字遊戲。日本宣稱「愛宕」級排水量只有7700噸，相對中國新入役的驅逐艦，似乎並不算很大。但是，目前已知的「金剛」級滿載排水量已達到了幾乎與巡洋艦相同的10000噸。「愛宕」級更是超過10000噸。

此外「愛宕」級上的Mk41垂直發射系統擁有發射多種飛彈的能力，其中就包括在近年戰爭中大出風頭的「戰斧」巡弋飛彈。這次「愛宕」Mk41系統將增加六個發射單元，與「伯克IIA」型一致。

下圖：「愛宕」號近防武器。（圖片來源：日本海上自衛隊）

「愛宕」級是改進型的「金剛」級宙斯盾飛彈驅逐艦，是日本海上自衛隊的新一代主力戰艦，也是日本彈道飛彈防禦計劃的重要組成部分。根據日本防衛省制定的飛彈防禦計劃，「愛宕」級將與「金剛」、「霧島」、「妙高」和「鳥海」號這四艘已服役的「金剛」級「宙斯盾」飛彈驅逐艦一起，共同承擔利用高性能雷達發現彈道飛彈、並在距地面兩百千米至三百千米的大氣層外進行攔截的任務。與「金剛」級相比，「愛宕」級的設計中重點考慮了隱身性能和網絡中心戰能力，應用了模塊化設計，這都大大提升了日本飛彈防禦能力。

「愛宕」級技術數據

滿載排水量：10000噸

標準排水量：7750噸

艦（艇）長：165米

艦（艇）寬：21米

吃水：6.2米

最大航速：33節

編製人數：310名

武器系統：2組美制Mk—41型飛彈垂直發射系統（艦首64單元、艦舷直升機庫頂部32單元）；

1門127毫米「奧托.不萊梅」127毫米/54倍口逕自動火炮；

2座7管30毫米「密集陣」近防炮；

2座三聯裝324毫米魚雷發射管，霍尼維爾公司的Mk46 mod5"尼爾蒂普」反潛魚雷；

2座四聯裝「魚叉」反艦飛彈發射裝置；

動力系統：石川島播磨重工 LM2500燃氣渦輪機四座（COGAG方式）雙軸推進；

引擎馬力：100000匹；

最高航速：33節以上；

續航力：4500海里/20節；

電子系統：「宙斯盾」海軍戰術數據系統具有11和14號數據鏈，OE—82C衛星通訊系統；

火控：3座Mk99 mod1飛彈火控系統，型火炮火控系統，Mk—116—7反潛火控系統；

雷達：對空搜索：Rcaspy1d三坐標雷達，E/F波段；

導航：日本無線電公司的OPS 2雷達，I波段；

火控：3部SPG 62雷達，1部Mk2/21火控雷達，I/J波段；

「塔康」戰術無線電導航系統；

UPX29敵我識別器

與日本海上自衛隊原有的主力艦相比,「愛宕」級不僅對空防禦能力得到了進一步加強,而且其單艦綜合作戰能力也有了大幅度提升。在該艦及其他新戰艦建成之後,日本可以採用更為靈活有效的編組方式,對周邊事態作出及時回應,大大加強其對西太平洋地區的軍事干預能力。而一旦具備彈道飛彈攔截能力,從某種意義而言,「愛宕」級甚至可以被視為一種戰略武器。

上圖:「愛宕」級2號艦178「足柄」號和「金剛」級 首艦173「金剛」號 (圖片來源:日本海上自衛隊)

下圖:「愛宕」級2號艦178「足柄」號 (圖片來源:日本海上自衛隊)

上圖和下圖:「愛宕」號。（圖片來源:日本海上自衛隊）

本圖：日本「足柄」號和美國「查菲」號（圖片來源：portico）

「金剛」級驅逐艦

「金剛」級驅逐艦屬於第四代驅逐艦，由美國伯克級I型改良而來。共建造四艘，分別是「金剛」、「霧島」、「妙高」和「鳥海」號（舷號為173－176）後續的」愛宕」級則是採用的伯克IIA型為藍本舷號從177號起，建造數量暫時未定，已經有177「愛宕」號178「足柄」號服役。

「金剛」級驅逐艦配備「宙斯盾」戰鬥系統，RIM－66 SM2 Block II防空飛彈，RUM－139垂直發射反潛火箭，RGM－84「魚叉」反艦飛彈，接近武器系統，魚雷等等但沒有戰斧飛彈系統。

「金剛」級的Mk41系統和美國的最大區別是不能發射戰斧飛彈。和其他搭載「宙斯盾」系統的戰艦一樣，此艦上層結構主要裝載AN/SPY－1無源相位陣列雷達，而不是傳統式旋轉天線。上層結構的設計也有匿蹤性質，希望減少雷達截面

下圖：「金剛」級驅逐艦首艦，173「金剛」號（圖片來源：日本海上自衛隊）

積。但是也因此此艦上段變重,需要吃水更深因此體積與排水量都比一般驅逐艦大,接近巡洋艦。

「金剛」級驅逐艦目前正在做為戰區飛彈防禦系統準備的功能化改裝。

同級艦:「金剛」,「霧島」,「妙高」,「鳥海」。

下圖:「金剛」級驅逐艦首艦,173「金剛」號(圖片來源:日本海上自衛隊)

上圖:「金剛」級驅逐艦174「霧島」號(圖片來源:日本海上自衛隊)

上圖：「金剛」級驅逐艦174「霧島」號（圖片來源：日本海上自衛隊） 下圖：「金剛」級驅逐艦首艦，173「金剛」號（圖片來源：日本海上自衛隊）

上圖：「金剛」級驅逐艦175「妙高」號
（圖片來源：日本海上自衛隊）

下圖：「金剛」級驅逐艦175「妙高」號
（圖片來源：日本海上自衛隊）

「金剛」級技術數據

標準排水量：7250噸

滿載排水量：9485噸

艦長：161米，艦寬：21米，吃水：6.2米

動力：石川島播磨重工業制LM2500燃氣渦輪機4座（COGAG方式）2軸推進。

引擎馬力：100000匹

航速：30節

續航力：4500海里/20節

編製：300人

武器裝備

飛彈：反艦飛彈：2座4聯裝「魚叉」反艦飛彈

艦空飛彈和反潛飛彈：艦首裝FMCMk-41 29單元的飛彈垂直發射系統。艦艉裝馬丁.馬裡塔Mk-4161單元的飛彈垂直發射系統，共有90枚「標準」和「阿斯洛克」飛彈。「標準」SM-2MR艦空飛彈指令/慣性制導，半主動雷達尋的，飛行速度2馬赫，射程73千米。「阿斯洛克」反潛飛彈，慣性制導，射程1.6-10千米，攜帶Mk46Mod5「尼爾蒂普」反潛魚雷。

艦炮：1門「奧托．梅臘拉」127毫米/54火炮，仰角85度，射速45發/分，射程16千米，彈重32千克。2座通用電氣/通用動力公司的6管20毫米/76Mk15「密集陣」火炮，射程1.5千米，射速3000發/分。

魚雷：2座3聯裝324毫米魚雷發射管，霍尼維爾公司的Mk46Mod5"尼爾蒂普"反潛魚雷，主/被動尋的，射程11千米，航速40節，戰斗部重4.4千克。

對抗措施：4座Mk36SRBOC6管箔條彈發射裝置，SLQ25拖曳魚雷誘餌。三菱機電公司的NOLQ2偵察和干擾設備。

作戰數據系統：「宙斯盾」海軍戰術數據系統具有11和14號數據鏈，OE-82C衛星通訊系統。

火控：3座Mk99MOD1飛彈火控系統，2-21型火炮火控系統，Mk116-7反潛火控系統。

雷達：對空搜索：RCASPY1D三坐標雷達，E/F波段。

導航：日本無線電公司的OPS20雷達，I波段。

火控：3部SPG62雷達，1部Mk2/21火控雷達，I/J波段。「塔康」戰術無線電導航系統。UPX29敵我識別器

聲納：日電OQS-102（SQS-53B/C）球首聲納，主動搜索與攻擊，OQR-2（SQR-19A（V））TACTASS拖曳陣列，被動搜索，甚低頻。

直升機：SH-60J直升機，備有直升機平台和燃料補給設施。

上圖和下圖：「金剛」級驅逐艦175「妙高」號（圖片來源：日本海上自衛隊）

建造狀況

「金剛」級一共建造了四艘。為海上自衛隊最初配備的「宙斯盾」艦，在日本護衛艦隊中，每一個護衛隊群配備一艘，是艦隊主要的防空設備。

建造編號	舷號	艦名	開工日期	下水日期	服役日期	母港
2313	DDG—173	金剛	1990年5月8日	1991年9月26日	1993年3月25日	佐世保/第1護衛隊群第5護衛隊
2314	DDG—174	霧島	1992年4月7日	1993年8月19日	1995年3月16日	橫須賀/第4護衛隊群第8護衛隊
2315	DDG—175	妙高	1993年4月8日	1994年10月5日	1996年3月14日	舞鶴/第3護衛隊群第7護衛隊
2316	DDG—176	鳥海	1995年5月29日	1996年8月27日	1998年3月20日	佐世保/第2護衛隊群第6護衛隊

下圖：「金剛」級驅逐艦176「鳥海」號（圖片來源：日本海上自衛隊）

本圖：「金剛」級驅逐艦176「鳥海」號（圖片來源：日本海上自衛隊）

上圖：「金剛」級驅逐艦同與其聯繫緊密的「阿利·波克」級戰艦相比具有更長的直升機起降甲板，但它們與美國驅逐艦一樣，並沒有配備常用的飛機控制設備。

下圖：從SPY—1型雷達系統典型的八角形相控陣天線可以判定「金剛」號驅逐艦是一艘裝備有「宙斯盾」系統的戰艦。

上圖：「金剛」級驅逐艦175「妙高」號
（圖片來源：日本海上自衛隊）

下圖：「金剛」級驅逐艦174「霧島」號
（圖片來源：日本海上自衛隊）

本圖：「金剛」級驅逐艦首艦，173「金
剛」號（圖片來源：日本海上自衛隊）

「高波」級驅逐艦

「高波」級驅逐艦是「村雨」級的後繼型和全面升級版。它首艘標準排水量為4560噸。但是為了拓展遠洋作戰能力，日本便不斷增加「高波」級驅逐艦的排水量，努力提升這種多用途驅逐艦的耐波性、遠洋性、自動化及綜合作戰能力。

下圖：「高波」級驅逐艦首艦110「高波」號（圖片來源：日本海上自衛隊）

後續服役的「高波」級驅逐艦標準排水量增加到6300噸。在日本「九・十」艦隊所編的五艘多用途驅逐艦中，「高波」是編成裡的主力多用途驅逐艦。

「高波」級採取適合遠洋作戰的動力配置。它配有四台主發動機組成的復合全燃推進系統，雙軸推進，全艦合計總功率達到44.1兆瓦，可充分滿足它奔赴全球作戰的需要。它使用特殊螺旋槳以降低轉速，從而使水中噪音大幅下降，有

利於進行反潛作業。艦上還裝有功率1.5兆瓦的三部發電機,其中一部是備份系統。配電盤室兼IC室進行了重疊設計,提高戰艦的抗損性,最大限度地保證戰時被擊中後,戰艦仍能具備一定的作戰能力。

「高波」級的防空能力比「村雨」級有明顯強化。它裝備新型防空雷達,搜捕空中目標的能力大大加強。它最大武備改進是取消了Mk48垂直發射裝置,擴充了Mk41垂直發射裝置,增加了武器配備靈活性。它發射新型「海麻雀」防空飛彈,彈體增長到六米,增大了射程,還能攔截兩馬赫速度的掠海反艦飛彈。「高波」的Mk41垂直發射系統不僅能發射「魚叉」反艦飛彈,還可發射「戰斧」巡弋飛彈。

「高波」級驅逐艦最突出的特點是其擁有強大對陸打擊火力。它

下圖:「高波」級驅逐艦首艦110「高波」號(圖片來源:日本海上自衛隊)

換裝「奧托」127毫米炮與可發射巡弋飛彈的飛彈垂直發射系統。

「高波」級裝備了新型艦殼聲吶，其使用的Mk—46—5反潛魚雷增強了在淺水區對付潛艦的能力。在對付深水潛艦時，它配備的「阿斯洛克」飛彈的戰鬥部可以改為Mk50魚雷，最高水下航速能夠達到六十節。「高波」在2005年將配備SH—60K多功能反潛直升機。它裝有ISAR多模式合成孔徑雷達，能在跟蹤目標時描繪目標輪廓，具有很強的目標辨識能力。它配備反潛魚雷、深水炸彈和反艦飛彈，作戰性能也有很大提升。

整體設計

「高波」級多用途驅逐艦整體設計沿襲「村雨」級，因此整體佈局及大部分裝備都與「村雨」級相同，所以被日本方面稱為「村雨」級改進型。這是日本對未來一段時間周邊作戰環境進行評估後的決定。當然這不等於「高波」級就是「村雨」級的翻版，其內在的大量改進，幾乎可以說是全新設計的。

下圖：「高波」級驅逐艦首艦110「高波」號（圖片來源：日本海上自衛隊）

首先，「高波」級的前甲板的飛彈垂直發射系統單元數增加了一倍，因此艦體內的主要橫隔艙壁也改動了位置。全艦重新劃分了水密區域，並將「村雨」級在艦體內的飛行員休息室移至原來Mk一48型飛彈垂直發射系統的位置。

其次，為了搭載機身比SH一60J長400毫米的SH一60K直升機，擴大了機庫的容積，並為將來裝備的機載反艦飛彈和反潛魚雷等彈藥預留了位置。「高波」級還重新設計了飛行員及機務員休息室，改善他們的居住的條件。

「高波」級還將桅桿上的航海雷達從艦體中心線挪到了偏右舷的位置上，在桅桿上裝有多種天線和傳感器。「村雨」級的桅桿結構十分複雜，因此「高波」級在設計中就盡量簡化桅桿的結構，雖然加裝了不少傳感器與天線，但由於採用了輕巧衍架結構，使桅桿的重量沒有大的增加。此外，「村雨」級在

下圖：「高波」級驅逐艦首艦110「高波」號的垂發系統（圖片來源：日本海上自衛隊）

設計中強調了隱形性。為此整個上層建築向內傾斜，可以有效地減少雷達回波，降低敵方雷達的探測距離。「高波」級在保留原有設計的同時，還努力送還煙囪廢氣的紅外輻射，進一步加強隱形性能。

在「朝霧」級以前，日本海上自衛隊多用途驅逐艦的艦橋為開放式結構，從「村雨」級開始採用了「金剛」級的封完備式艦橋，這樣不但有利於佈置艦內的空調系統，便可將艦橋擴大到左右舷的邊沿，使艦橋內的空間更加寬敞。

作戰系統

「高波」級武備相對於「村雨」級的改進主要是主炮和飛彈垂直發射系統。主炮由「村雨」級使用的「奧托」62倍口徑76毫米炮改為「金剛」級上使用的「奧托」54倍口徑127毫米炮，該炮雖然重量較大，近40噸重，但射速比美國的Mk—45型127毫米炮高一倍，達到了45發/分，使用非增程炮彈時，最大

下圖：「高波」級驅逐艦2號艦111「大波」號（圖片來源：日本海上自衛隊）

射程二十三千米，而且可以發射所有北約國家為該口徑炮研製的全部彈種。若使用激光制導炮彈或GPS制導炮彈，射程就可達一百一十七千米，圓概率誤差只有十至二十米，這將非常有利於打擊陸上點狀目標，支援登陸作戰。採用該炮之後，不僅炮彈威力大為提高，而且口徑增加之後，其採用各種制導炮的餘地也就相應增大，精確打擊能力增強。在未來的登陸戰鬥中，當前線部隊遭到點狀目標阻擊時，只要通報目標的位置，或使用激光照射器對目標進行照射，就可完成一次標準的精確打擊。制導炮彈的成本要遠遠低於各種飛彈，多艦齊射時的射速也不是遠程飛彈攻擊能夠相比的。至於垂直發射系統，「高波」級將「村雨」級上使用的Mk48系統和Mk41系統統一為Mk41一種，佈置在前甲板主炮後位置，原先Mk48平台改為了反艦飛彈發射平台。如此改進後，「海麻雀」防空飛彈和阿斯洛克反潛飛彈的配置方法就比以前要靈活許多，可以根據任務內容和對方實力等條件自由

上圖：「高波」級驅逐艦2號艦111「大波」號（圖片來源：日本海上自衛隊）

配置兩種飛彈的比例。值得一提的是，Mk41垂直發射系統還可以為以後海上自衛隊裝備巡弋飛彈進行硬件上的裝備，由於日本現階段出於種種考慮不能研製這種遠程攻擊性武器，而未來戰時又很有可能要單獨遂行對遠程陸上目標的精確打擊任務，在戰時一旦需要，只能使用美國的裝備。而Mk41系統，本來就

可使用「戰斧」一類的巡弋飛彈，至於前期的技術戰術訓練，則可以通過日美之間的各種聯合訓練、演練、演習和人員交流進行，這種訓練和交流是非常頻繁的。假設將來需要對朝鮮半島或其它地域的陸上目標進行攻擊，僅這一艘「高波」號，就可以攜帶二十九枚巡弋飛彈，其攻擊力相當強大。這樣也可以在戰爭初期一定程度上彌補美國海軍遠程奔襲的時間差。

和「村雨」級相比，其作戰能力變化之處包括：

反艦能力

此方面的變化主要體現在127毫米主炮上，根據二戰以來海戰的統計，三到四發127毫米炮炮彈就能夠有效毀傷1000噸級艦艇，而要達到同樣效果，至少需要二十發76毫米炮炮彈。比如奧托‧布萊達127毫米炮的炮彈重三十二千克，而奧托‧梅萊拉76毫米炮的彈重則只有六千克，每分鐘發射彈藥重量之比為一千四百四十千克比五百一十千克，而且127毫米炮彈可以由艦載直升機提供激光制導，對付小型艦艇時幾乎不需要動用「魚叉」或機載飛彈，即可以達到相近的精度，只是射程相對飛彈來說稍有不足。

防空及反潛能力

由於採用了Mk41系統，這級艦防空和反潛能力有相當大的彈性，但是並沒有質的變化，尤其在對對方空射反艦飛彈方面。如果對方能夠擁有圖—22M「逆火」或相近性有的轟炸機，再搭配以不同種類的機載反艦飛彈，比如主動雷達制導飛彈和反輻射飛彈結合使用，是可以突破「金剛」級提供的外層防空網的。在這種情況下，「高波」級本身的兩種防空裝備「密集陣」和

下圖：「高波」級驅逐艦首艦110「高波」號（圖片來源：日本海上自衛隊）

「海麻雀」都只能起到拾遺補缺的作用，只能依靠富士通公司製造的OLT—3型電子干擾機和Mk36箔條發射器進行軟對抗了。對此，日本已經把防空飛彈從AIM—7「海麻雀」更換為更先進的新型ESSM（RIM—162）飛彈。反潛能力上，據稱其艦殼聲吶屬於新型裝備，但是具體型號和性能尚未公佈，其三聯裝魚雷發射管使用的Mk46—5魚雷將Mk—46系列魚雷原先的單航速制改為雙航速制，在搜索階段採用低航速，

增強了在淺水區對付潛艦的能力，而且其導引頭修正信道可以確定聲吶探測的聲音是否為真正的脈衝回聲，並能夠補償消聲瓦造成的信噪比縮小現象，可以更加有效地對付裝有消聲瓦的現代潛艦。在對付深水潛艦時，「阿斯洛克」飛彈的戰鬥部可以改為Mk50魚雷，最高水下航速能夠達到五五至六十節，對日

下圖：「高波」級驅逐艦112「卷波」號（圖片來源：日本海上自衛隊）

「高波」級技術數據

主尺度：艦長151.0米，艦寬17.4米，舷高10.9米，吃水5.3米

排水量：4650噸（標準）/5300噸（滿載）

航速：30節

續航力：6000海里/20節

艦員編制：170名

動力裝置：全燃聯合動力方式（COGAG），2台「斯貝」SM1C型燃氣輪機，功率41630馬力；2台LM2500型燃氣輪機，功率43000馬力；雙軸；2具可調螺距螺旋槳

艦炮：1座「奧托·不萊達」127毫米/54倍口徑艦炮；2座Mk15型「密集陣」近防炮

艦空飛彈：32單元Mk41型飛彈垂直發射系統，發射「海麻雀」艦空飛彈

反艦飛彈：2座四聯裝「魚叉」反艦飛彈發射裝置

反潛飛彈：Mk41型飛彈垂直發射系統，發射「阿斯洛克」反潛飛彈

魚雷：2座三聯裝68型魚雷發射管，發射89型（Mk46 Mod5型）魚雷

雷達：1部OPS—24型三坐標對空搜索雷達；1部OPS—28D型對海搜索雷達；2部FCS—3型火控雷達；1部OPS—20型導航雷達

聲納：1部OQS—102型低頻主/被動搜索攻擊球艏聲納；1部OQR—1型低頻被動搜索拖曳線列陣聲納

電子戰系統：NOLQ—2型寬帶電子偵察設備；NOLR—8型窄帶電子偵察設備；OLT—3型噪聲干擾機；OLT—5型欺騙式干擾機；OPN—7B型寬頻通信偵察機；OPN—11B型信號情報偵察機（用於提供超視距目標的指示）；4座Mk36型SRBOC誘餌發射器；AN/SLQ—25型"水精"拖曳魚雷誘餌

作戰指揮系統：OYQ—7型作戰指揮系統，11號數據鏈和SQQ—28型直升機數據鏈

艦載直升機：1架SH—60J型「海鷹」反潛直升機

本周邊地區可預見的水下威脅都有一定的對抗能力。

動力裝置

「高波」級採取GOGAG的推進方式。它的四部主機分為兩種型號，機艙的佈置分左右兩舷，前方是第一機械室，為左舷推進軸系統，後方為第二機械室，為右舷推進軸系統，所以左驅動軸要比右軸長。機械室內裝有兩台主機和相應的減速系統，配置方式為第一機械室裝一、二號主機，第二機械室裝三、四號主機。其中，一、四號主機為美國通用動力公司的LM2500型燃氣輪機，單機輸出功率為12.1兆瓦，二、三號主機則為英國的羅爾斯‧羅伊斯公司的「斯貝」SM—1C型燃氣輪機，單機輸出功率為9.9兆瓦，合計全艦總率達到44.1兆瓦。由於兩種主機可以因航速高低在不同轉速下運行，加之使用大直徑斜交變距螺旋槳以降低轉速，從而使水中噪音大幅下降，有利於進行反潛作業。舵機與原有驅逐艦相同，沒有作

上圖：「高波」級驅逐艦載反艦飛彈（圖片來源：日本海上自衛隊）

大的改變。

艦上裝有功率1.5兆瓦的三部發電機，平時所用的電力由二部發電機即可滿足，第三部是備用系統。一、二號發電機安裝在相應的第一、二機械艙，三號發電機則裝在身後部獨立設置的發電機艙。從經濟上考慮，在機艙的輔機艙中，安裝有一部600千瓦的輔助發電機，主

舷號	艦名	服役時間	所屬隊群
DD 110	高波	2003年三月12日	第一護衛隊群
DD 111	大波	2003年三月13日	第一護衛隊群
DD 112	卷波	2004年三月18日	第二護衛隊群
DD 113	漣	2005年2月16日	第四護衛隊群
DD 114	涼波	2006年2月16日	第三護衛隊群

要用於停泊時保證艦上用電。為了提高戰艦的抗損性，配電盤室兼IC室進行了重疊設計，在艦身前後各設置獨立的一套，最大限度地保證戰時被擊中後，戰艦仍能具備一定的作戰能力。

主操縱室設在艦體中央的第二層甲板上，與以往的驅逐艦一樣，這裡也兼作應急指揮室。操縱室內除主機控制台外，還設有輔機控制台與電源控制台，並設有應急監視控制系統，在這裡可以起動並控制各類輔機，監視機艙的運行情況。底艙為輔機艙，安裝有輔助鍋爐、海水淡化器、各類水泵、減搖翼等一系列輔助設備。與美艦不同，艦上浴室、空調均為由輔助鍋爐提供的蒸汽為動力。艦橋上裝有艦橋操縱系統，可以準確反映出戰艦情況與機艙情況。

綜合影響

按照海上自衛隊的編制，其機動打擊力量是護衛艦隊，護衛艦隊的主要水面艦艇力量為驅護艦編

下圖：「高波」級驅逐艦首艦110「高波」號（圖片來源：日本海上自衛隊）

隊。護衛艦隊下屬四個護衛隊群，每個護衛隊群包括八艘軍艦，分為旗艦和三個護衛隊，每個護衛隊再下轄兩至三艘同級或同類型的驅逐艦。這樣就組成了一支典型的「八・八艦隊」——一艘直升機驅逐艦、二艘防空型驅逐艦、五艘通用型驅逐艦，此前建造的九艘「村雨」級艦，使海上自衛隊的每個護衛艦隊都分到了兩至三艘帶有VLS系統的通用驅逐艦，按照「村雨」級的模式，「高波」級建造八艘左右，基本保證在每個護衛隊群再配置二艘。「高波」級作為艦隊主力的通用型驅逐艦將基本上完成全燃動力化和VLS化，新的舊「八・八艦隊」的戰鬥能力上升到一個新的層次。新的「九・十」艦隊，則更加趨於攻擊性，甚至帶著有了一定「由海到陸」的特色。

下圖：「高波」級驅逐艦2號艦111「大波」號（圖片來源：日本海上自衛隊）

「村雨」級驅逐艦

　　「村雨」級驅逐艦是日本海上自衛隊的一型採用隱身設計和垂直發射系統的驅逐艦，在武器與電子裝備方面使用了許多日本國產設備。「村雨」級驅逐艦以反潛為主，同時具有綜合作戰能力很強的多用途飛彈驅逐艦。

　　從第五艘開始的「村雨II」型艦，主炮換裝為新型的127毫米艦炮，同時垂直發射裝置更換為Mk41型通用垂直發射系統。

上圖：「村雨」級驅逐艦102「春雨」號 (圖片來源:日本海上自衛隊)

下圖：「村雨」級驅逐艦首艦101「村雨」號 (圖片來源:日本海上自衛隊)

舷號	艦名	開工日期	下水日期	服役日期	母港
DD—101	村雨	1993年8月18日	1994年8月23日	1996年3月12日	橫須賀
DD—102	春雨	1994年8月11日	1995年10月16日	1997年3月24日	橫須賀
DD—103	夕立	1996年3月18日	1997年8月19日	1999年3月4日	佐世保
DD—104	霧雨	1996年3月4日	1997年8月21日	1999年3月18日	佐世保
DD—105	電	1997年5月8日	1998年9月9日	2000年3月15日	吳市
DD—106	五月雨	1997年9月11日	1998年9月24日	2000年3月21日	吳市
DD—107	雷	1998年2月25日	1999年6月24日	2001年三月14日	橫須賀
DD—108	曙	1999年10月29日	2000年9月25日	2002年三月19日	吳市
DD—109	有明	1999年5月18日	2000年10月16日	2002年三月6日	佐世保

「村雨」級技術數據

排水量：4400噸（標準）5100噸（滿載）

全長：151米全寬：17.4米

吃水：5.2米

主機：燃氣輪機聯合，雙軸，2座斯貝SMIC+2座LM2500。

動力：60000馬力。COGAG方式。

航速：30節

艦員：170名

艦首聲納：球首聲納為主/被動OQS—5，拖弋聲納為OQR—1改進型。

飛機：1架SH—60J直升機

雷達：OPS—24對空搜索，OPS—28D對海搜索，OPS—20導航，FCS—2—31火控雷達等。

電子支援/干擾：日本國產的NOLQ—2，與美國的SLQ—32相仿。

武器裝備：

1座16單元「阿斯洛克」反潛飛彈VLS系統(Mk41型);

1座16單元「海麻雀」防空飛彈VLS系統(Mk48型);

2座四聯裝「魚叉」或日本國產的SSM—1B反艦飛彈;

1座單管76毫米「奧托」主炮;

2座6管20毫米「密集陣」近防炮;

2座三聯反潛魚雷發射管;

SH—60J型反潛直升機1架。

上圖：「村雨」級驅逐艦102「春雨」號 (圖
片來源:日本海上自衛隊)

下圖：「村雨」級驅逐艦107「雷」號 (圖片
來源:日本海上自衛隊)

上圖和下圖：「村雨」級驅逐艦105「電」號 (圖片來源:日本海上自衛隊)

下圖：DD109號就是「有明」號驅逐
艦，它是日本海上自衛最後一艘「村
雨」級驅逐艦，同時也是裝備最強大
的一艘飛彈驅逐艦。

本圖：「村雨」級驅逐艦101「村雨」號 (圖片來源:日本海上自衛隊)

上圖和下圖：「村雨」級驅逐艦106「五月雨」號 (圖片來源:日本海上自衛隊)

本圖：「村雨」級驅逐艦107「雷」號 (圖片來源:日本海上自衛隊)

本圖：「村雨」級驅逐艦109「有明」號
(圖片來源:日本海上自衛隊)

「榛名」級直升機驅逐艦

「榛名」級直升機驅逐艦是日本第一級直升機驅逐艦。該級艦上機庫比一般驅逐艦的要大，而且搭載有三架直升機（普通驅逐艦最多搭載兩架），因此它比起其他驅逐艦來，反潛能力要勝上一籌。直升機驅逐艦上還裝載有各種情報指揮控制系統，能夠作為海上編隊的指揮艦使用。早期的日本海上自衛隊「八・八艦隊」標準編成：通常都由一艘反潛直升機驅逐艦擔任旗艦，

下圖：「榛名」級直升機驅逐艦首艦141「榛名」號（圖片來源：日本海上自衛隊）

或是「白根」級或是「榛名」級，外加其他多艘驅逐艦，因此直升機驅逐艦是起艦隊核心作用的。按照世界各國海軍通行的劃分標準，驅逐艦一般依排水量大小可分成三種：排水量小於2500噸的為小型驅逐艦，排水量在4500噸以下的稱為中型驅逐艦，而大型驅逐艦排水量則超過4500噸。在當今世界各國海軍驅逐艦中，噸位最大的恐怕要數美國海軍的「基德」級（滿載排水量9574噸）和日本海軍的「金剛」級及「愛宕」級了（滿載排水量分別為9485噸和10500噸）。

經過戰後幾十年的超速發展，目前日本海上自衛隊的實力在世界海軍中名列前茅，其裝備性能在亞洲首屈一指。但是，它的艦艇裝備發展存在不少軟肋：既沒有航空母艦和巡洋艦，也沒有核潛艦，也就是說日海軍中幾乎沒有大型作戰艦艇。作為一個島國，日本不但要保護其周邊海洋利益和安全，而且有著更多的大洋通道和海上資源等利益需要去維護和獲取，日本也從來沒有放棄稱霸海洋的野心。這

就急需適應遠海的作戰與行動的作戰艦艇及海上編隊，尤其是適合海上作戰和遠海活動要求的大型作戰艦艇。然而，二戰以後，日本作為戰敗國被禁止建造航空母艦等大型作戰艦艇。基於此，狡詐的日本人獨闢溪徑，通過發展多種驅逐艦，特別是超大噸位的驅逐艦來彌補自己的不足與短處。時至今日，日海軍已研製建造了十多級驅逐艦，其中性能優越者是其海上作戰行動的「殺手鐗」。另一方面，在二戰後期，美國使用水雷與潛艦對日本所採取「飢餓戰爭」的海上封鎖，迄今仍令日本人感到後怕。所以，長期以來反潛作戰在日本海軍的作戰使命中佔據著極其重要的地位，日

上圖：「榛名」級直升機驅逐艦首艦141「榛名」號（圖片來源：日本海上自衛隊）

下圖：一九七三年，「榛名」號反潛驅逐艦徹底建成，能夠搭載3架直升機，使得該艦成為當時功能最強大的反潛驅逐艦之一。

本不但購買了大量的P—3C反潛巡邏機，而且還建造了各型反潛艦艇，其後又別出心裁地建造了兩級世界其他國家海軍都少有的直升機驅逐艦，以加強反潛作戰和海上指揮。這兩級驅逐艦就是在世界海軍中頗有聲望的「榛名」級和「白根」級。

直升機驅逐艦

「榛名」級驅逐艦是日本，是世界上第一級直升機驅逐艦。它的奇特之處就在於：該級艦上機庫比一般驅逐艦的要大，而且搭載有三架直升機（普通驅逐艦最多搭載兩架），因此它比起其他驅逐艦來，反潛能力要勝上一籌。不僅如此，直升機驅逐艦上還裝載有各種情報指揮控制系統，能夠作為海上編隊的指揮艦使用。早期的日本海上自衛隊「八・八艦隊」標準編成：通常都由1艘反潛直升機驅逐艦擔任旗

下圖：「榛名」級直升機驅逐艦首艦141「榛名」號（圖片來源：日本海上自衛隊）

艦，或是「白根」級或是「榛名」級，外加其他多艘驅逐艦，由此不難看出直升機驅逐艦的核心作用。「榛名」級驅逐艦的標準排水量4950噸，先後建造了兩艘：即一九七三年服役的「榛名」號和一九七四年服役的第二艘「比睿」號。這兩艘艦的火力比較強大：在艦的首部前後安置了兩座口徑為127毫米Mk42單管艦炮，除了能射擊四十千米遠的海上目標外，還能夠打擊近一萬五千米高的空中目標。在艦炮的後部安裝了一座專門用於反潛的八聯裝Mk112「阿斯洛克」反潛飛彈；

在艦的兩舷各佈置了「密集陣」近防武器系統，增加對空打擊火力。隨著現代戰爭中的空中威脅日益加大，日本海軍在一九八六年的該級艦改裝中，又在機庫上方加裝了八聯裝Mk29艦對空飛彈發射裝置，並備下了二十四枚RIM—7F「海麻雀」艦對空飛彈，其對空作戰能力也使人不可小覷。

「榛名」級是日本建造的第一批此種直升機驅逐艦，於一九七〇年代服役，旋即成為日本海上自衛

下圖：「榛名」級直升機驅逐艦 141「榛名」號的艦炮 （圖片來源：日本海上自衛隊）

隊最重要的反潛水面艦艇。服役期內經過現代化改裝，增加了「海麻雀」防空飛彈、Mk—15 CIWS以及Link—11/14數據鏈等設備。「榛名」級採用傳統的鍋爐與蒸汽渦輪作為動力，但兩艘姊妹艦並未採用同一廠牌的鍋爐與蒸汽渦輪：「榛名」採用三菱制的主機，「比叡」則使用石川島播磨製造的動力系統。雙方動力系統的性能表現都一樣，在攝氏四百八十度下產生每平方公分六十千克壓強的蒸汽，最大輸出功率70000馬力。

武器裝備

「榛名」級的外型頗具特色，全艦僅有一個方塊狀的大型單一船樓結構位於艦體中段，艦尾廣大的直升機甲板約佔全艦長度的1/3。艦首縱列著兩門美制Mk—42 5吋54倍徑艦炮，最大射速可達四十發/分，為美國射速最快的五吋自動艦炮，但原先由於妥善率欠佳，因此一般都

左圖：「榛名」級直升機驅逐艦 142「比叡」號 (圖片來源：日本海上自衛隊)

將射速調低至二十發/分。為了避免前面第一門Mk－42擋住射界，艦首第二門Mk－42安裝於一個高起的方形結構物上。由於最初未安裝反艦飛彈，因此這兩門Mk－42就成為本艦唯一的反水面武器。第二門Mk－42與船樓結構之間裝有一具74式八聯裝ASROC反潛火箭發射器(美制Mk－112發射器的日本版)，此乃艦上除了反潛直升機以外最主要的中長程反潛武器。

船樓結構底層內部設有ASROC的備用彈儲放艙與再裝填機，再裝填時需將74式的尾部對準船樓並調整至特定仰角，以讓備用彈被裝填機推送進入74式，此種再裝填設計與美制諾克斯級巡防艦類似。除了ASROC之外，「榛名」級還有兩座三聯裝324毫米68式魚雷發射器。

防空自衛方面，「榛名」級上層結構上方兩側各有一具Mk－15近迫武器系統，直升機庫上方則有一座Mk－29八聯裝「海麻雀」短程防空飛彈發射器。「榛名」級龐大的機庫可容納三架大型反潛直升機，

下圖：「榛名」級直升機驅逐艦 142「比叡」號 (圖片來源：日本海上自衛隊)

上圖和下圖：八聯裝「海麻雀」短程防空飛彈，彈長3.98米；翼展1.02米；彈徑0.203米，最大速度3馬赫以上，射程22.2千米，作戰高度8至15240米。

下圖：141「榛名」號（圖片來源：日本海上自衛隊）

下圖：「榛名」級直升機驅逐艦 142「比叡」號（圖片來源：日本海上自衛隊）

目前操作的機種乃日本海自製式的SH—60J。水下偵測方面,「榛名」級配備有日本自製的OQS—3主/被動艦體聲納與美制SQR—18被動式拖曳數組聲納。

「榛名」級是日本第一代反潛直升機驅逐艦,在日本「八‧八艦隊」中主要擔負編隊的反潛任務,並作為艦隊的旗艦。該級驅逐艦現有兩艘,舷號141和142。

下圖:「榛名」級直升機驅逐艦 142「比叡」號(圖片來源:日本海上自衛隊)

「榛名」級技術數據	
主尺寸:艦長153米、艦寬17.5米、吃水5.2米 排水量:4950噸(舷號141)、5050噸(舷號142) 動力:70000馬力‧2台蒸汽輪機 航速:31節 艦員:370名	武器裝備 SH—60j型反潛直升機3架;一座八聯裝Mk112型「阿斯洛克」反潛飛彈發射裝置;一座八聯裝Mk29型「海麻雀」防空飛彈發射裝置;二座單管127毫米Mk42型主炮;二座6管20毫米密集陣近防炮;二座三聯反潛魚雷發射管。

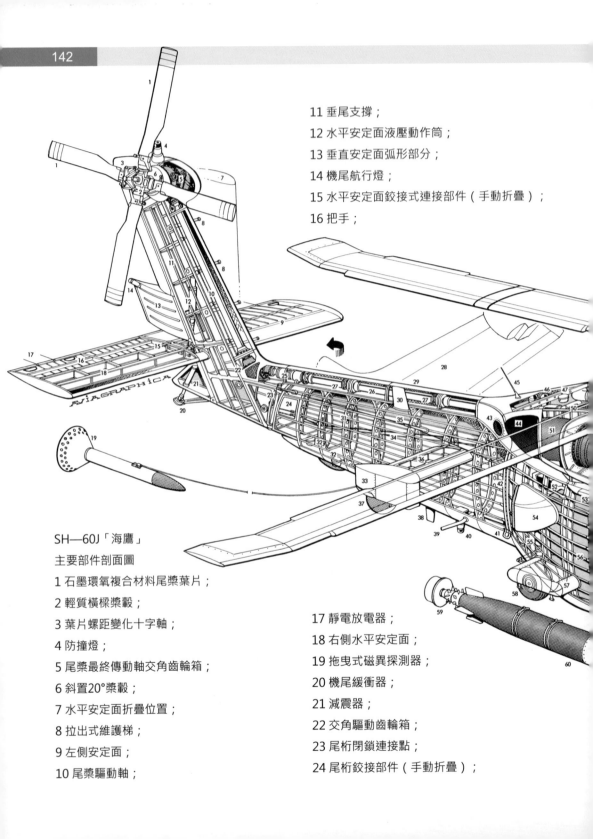

11 垂尾支撐；

12 水平安定面液壓動作筒；

13 垂直安定面弧形部分；

14 機尾航行燈；

15 水平安定面鉸接式連接部件（手動折疊）；

16 把手；

SH—60J「海鷹」

主要部件剖面圖

1 石墨環氧複合材料尾槳葉片；

2 輕質橫樑槳轂；

3 葉片螺距變化十字軸；

4 防撞燈；

5 尾槳最終傳動軸交角齒輪箱；

6 斜置20°槳轂；

7 水平安定面折疊位置；

8 拉出式維護梯；

9 左側安定面；

10 尾槳驅動軸；

17 靜電放電器；

18 右側水平安定面；

19 拖曳式磁異探測器；

20 機尾緩衝器；

21 減震器；

22 交角驅動齒輪箱；

23 尾桁閉鎖連接點；

24 尾桁鉸接部件（手動折疊）；

25 驅動軸離合器；

26 尾槳傳動軸；

27 傳動軸軸承；

28 尾桁折疊位置；

29 機背整流罩；

30 特高頻天線；

31 尾桁/縱梁；

32 磁羅盤遙控傳感器；

33 磁異探測器掛架/絞盤；

34 尾槳控制鋼纜；

35 高頻天線電纜；

36 磁異探測裝置固定掛點；

37 機腹數據連接天線艙；

38 下方特高頻/「塔康」天線；

39 放油管；

40 防撞燈；

（圖片來源：portico）

41 系留環；

42 尾桁連接部件；

43 空氣系統熱交換排氣管；

44 引擎排氣管罩；

45 緊急定位天線；

46 引擎滅火器瓶；

47 敵我識別天線；

48 左側副油箱；

49 滑油冷卻器排氣百葉窗；

50 右側空調設備；

51 引擎排氣管；

52 高頻無線電設備艙；

53 滑動式機艙門導軌；

54 後AN/ALQ—142型電子支援測量系統天線整流罩；

55 尾輪支柱；

56 耐火燃油箱，左右各一；總容量361美制加侖（1368升）；

57 右側外掛架；

58 方向可控式雙尾輪；

59 魚雷減速傘艙；

60 Mk46型輕型魚雷；

61 機艙後艙壁；

62 乘客座椅；

63 蜂窩狀機艙地板；

64 滑動式機艙門；

65 輔助救援和飛機定位著陸裝置；

66 機腹貨物釣鉤；

67 地板橫樑；

68 通往外掛架的彈簧門；

69 拉出式緊急逃生窗玻璃；

70 聲吶浮標發射架（125枚聲吶浮標）；

71 救援絞車/絞盤；

72 通用電氣公司T700—GE—401型渦輪軸引擎；

73 引擎附屬設備齒輪箱；

74 進氣道異物分離器排氣管；

75 引擎艙防火牆；

76 滑油冷卻風扇；

77 旋翼制動裝置；

78 引擎進氣管；

79 維護梯；

80 引擎驅動軸；

81 交角驅動齒輪箱；

82 中央主減速齒輪箱；

83 旋翼控制旋轉斜盤；

84 槳葉支撐桿；

85 葉片螺距控制桿；

86 雙線振動阻尼器；

87 槳轂整流罩；

88 主旋翼槳轂（彈性無潤滑軸承）；

89 葉片螺距控制觸角；

90 前緣防護套阻尼器；

91 獨立槳葉折疊連接部件，電動；

92 槳葉翼梁裂縫探測器；

93 槳葉根連接部件；

94 主旋翼合成材料槳葉；

95 左側引擎進氣道；

96 滑動式控制設備檢查口蓋板；

97 引擎驅動附件齒輪箱；

98 液壓泵；

99 飛行控制伺服裝置；

100 飛行控制液壓機械混合器裝置；

101 機艙頂板；

102 雷達操作員座椅；

103 AN/APS—124型雷達操作台；

104 系留環；

105 齒輪箱和引擎安裝主框架；

106 維護梯；

107 主起落架支柱安裝點；

108 減震器；

109 右側主輪；

110 可轉動的軸橫樑；

111 右側航行燈；

112 駕駛艙登機梯/主軸整流罩；

113 前機艙艙蓋；

114 總距和週期變距控制桿；

115 滑動式整流罩導軌；

116 冷卻空氣百葉窗；

117 主旋翼槳葉玻璃纖維蒙皮；

118 蜂窩狀尾緣板；

119 鈦金屬管狀葉片翼梁；

120 槳葉下垂前緣；

121 前緣防侵蝕護套；

122 固定式翼片；

123 駕駛艙眉窗；

124 後視鏡；

125 上方引擎油門/燃油節流閥控制手柄；

126 斷路器面板；

127 駕駛員座椅；

128 安全帶；

129 抗墜毀座椅安裝框架；

130 拉出式緊急逃生窗玻璃；

131 駕駛艙地板；

132 駕駛艙門；

133 登機梯；

134 AN/APS—124型搜索雷達天線；

135 機腹雷達罩；

136 可回收式著陸燈/懸停燈；

137 下視窗；

138 方向舵踏板；

139 週期變距控制桿；

140 儀表板；

141 中央儀表台；

142 備用羅盤；

143 航空戰術軍官/副駕駛座椅；

144 外部空氣溫度表；

145 儀表板遮蓋罩；

146 空氣數據探測器；

147 風擋；

148 風擋雨刷；

149 鉸接式機頭艙檢查口蓋板；

150 空速管；

151 航空電子設備艙；

152 前方數據連接天線；

153 前方AN/ALQ—142型電子支援測量系統天線外罩。

上圖：三菱公司為日本海上自衛隊生產了SH—60J（圖中所示）和UH—60J型直升機。2003年，SH—60J型直升機繼續獲得資金援助，開始實施KAI升級項目。

「白根」級直升機驅逐艦

「白根」級直升機驅逐艦共兩艘，「白根」號（DDH－143）一九八〇年服役，「鞍馬」號（DDH－144）一九八一年服役。帶有較大的直升機甲板平台，可供遠程直升機起降。此外，艦艇還配備QQS101艦殼、SQS35可變深和SQR－18A拖曳式等多種聲納，從而使該級艦具備較強的反潛能力。「白根」級是一級以反潛為主的直升機驅逐艦，是「榛名」級的改進型。在日本「八・八」艦隊中主要擔負編隊的反潛任務，並作為艦隊的旗艦。

「白根」級是日本海上自衛隊的第二代反潛直升機驅逐艦，是日本第一種使用Link－11、Link－14數據鏈的戰艦，也是日本第一種裝備近迫武器系統（CIWS）和海麻雀防空飛彈的戰艦。同時，該級艦還配備拖曳式數組聲納（TASS）。

上圖：「白根」級直升機驅逐艦首艦 143「白根」號（圖片來源：日本海上自衛隊）

上圖：「白根」級直升機驅逐艦首艦 143「白根」號上「阿斯洛克」反潛飛彈（圖片來源：日本海上自衛隊）

下圖：「白根」號建成於二十世紀八〇年代初期。可以通過其兩個「橡膠雨衣」（雷達天線桿和煙囪組合）將2艘「白根」級驅逐艦與先前的「榛名」級驅逐艦區分開來。

上圖：「白根」級直升機驅逐艦首艦 143
「白根」號（圖片來源：日本海上自衛隊）

上圖：「白根」級直升機驅逐艦首艦 143
「白根」號機庫（圖片來源：日本海上自衛
隊）

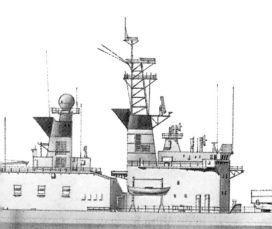

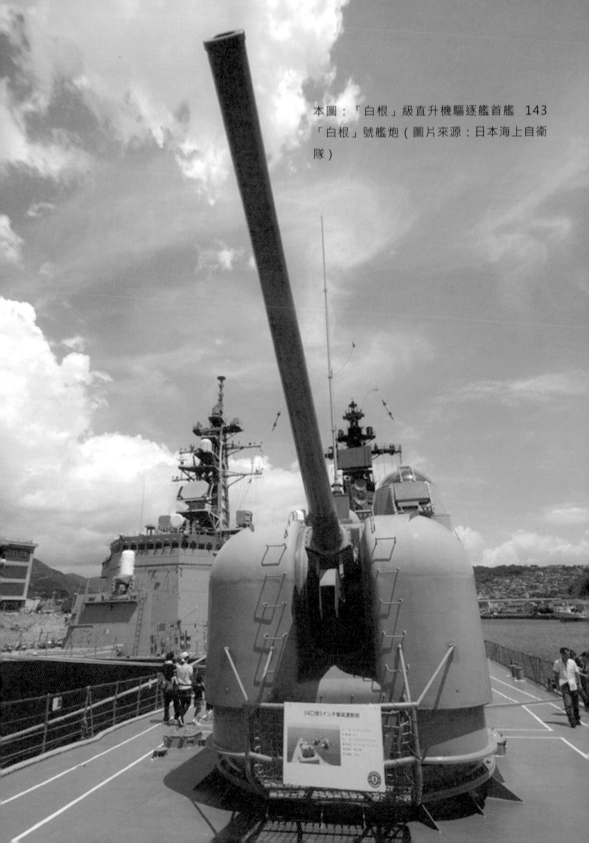

本圖：「白根」級直升機驅逐艦首艦 143「白根」號艦炮（圖片來源：日本海上自衛隊）

上圖：「白根」級直升機驅逐艦首艦143「白根」號艦載直升機（圖片來源：日本海上自衛隊）

「白根」級技術數據

主尺寸：艦長159米、艦寬17.5米、吃水5.3米

排水量：5200噸

動力系統：齒輪傳動的蒸汽輪機，輸出功率為52 200千瓦（70 000軸馬力），雙軸推進

航　　速：32節（59千米/時，37英里/時）

艦 載 機：三架三菱—塞考斯基公司SH—60J「海鷹」反潛直升機

武器系統：1座八聯裝「阿斯羅克」Mk112型反潛飛彈發射裝置（24枚飛彈，攜帶Mk46型輕型魚雷）；2具68型324毫米口徑（12.75英吋）三聯反潛魚雷發射管，配備Mk46 Mod 5型反潛魚雷；2門FMC型127毫米口徑（5英吋）單管火砲；1座八聯「海麻雀」防空飛彈發射裝置；2套20毫米口徑「密集陣」近戰武器系統

電子系統

1部OPS—12 3D雷達、1部OPS—28對海搜索雷達、OFS—2D導航雷達、信號公司的WM—25型飛彈射擊指揮雷達、2部72型砲瞄雷達、1部ORN—6C型「塔康」戰術空中導航系統、1套多用途電子監視系統以及1套電子對抗/誘餌設備、1部OQS—101艦艏裝聲吶、1部SQR—18A被動拖曳式陣列聲吶、1部SQS—35（J）主動式/被動式可變深度聲吶

上圖：「白根」級直升機驅逐艦2號艦 144「鞍馬」號（圖片來源：日本海上自衛隊）

本圖：「白根」級直升機驅逐艦2號艦　144「鞍馬」號
的升降機庫（圖片來源：日本海上自衛隊）

本圖：「白根」級直升機驅逐艦首艦 143「白根」號

（圖片來源：日本海上自衛隊）

「朝霧」級驅逐艦

　　「朝霧」級多用途驅逐艦是日本「八·八艦隊」的骨幹力量，它是「初雪」級的後繼艦。後者由於排水量過低，艦面空間狹小，難以有效合理地配置各種裝備，即使在戰鬥中遭到一般性的打擊也很難抵禦。因此，日本海上自衛隊在一九八四年就開始設計「朝霧」級。首艦「朝霧」號一九八五年開工建造，一九八八年三月完工入役。最後一艘「海霧」號於一九九一年三月正式服役。該級艦在「八·八艦隊」中的使命定位在多種用途，反潛為主。

　　該級艦共有八艘，依次為「朝霧」（DD151）、「山霧」（DD152）、「夕霧」（DD153）、「雨霧」（DD154）、「濱霧」（DD155）、「瀨戶霧」

下圖：「澤霧」（DD157）號（圖片來源：日本海上自衛隊）

（DD156）、「澤霧」（DD157）和「海霧」（DD158）。

　　該艦採用了艦橋主機操縱裝置，即在艦橋上設有控制台，可根據情況隨時調檔變速，從而增強了該級艦的快速反應能力。

　　該級艦採用飛剪形艦首，增強了整艦的耐波性並提高了航速；其次，艦橋呈低層化，作戰室採用高強度鋼結構，直升機庫也比「初雪」級要大。由於它的電子裝備增加，艦桅由「初雪」級的一個變為兩個。它的煙囪亦由一變二，以確

上圖：「朝霧」級驅逐艦的武器精良、裝備良好，用來進行反潛和反艦作戰。「朝霧」號（DD151）是八艘該級驅逐艦中的第一艘。

保馬力增大後的排煙順暢，也可防止紅外線過於集中。從整體上看，該級艦消除了「初雪」級艦面的擁擠之感，也為將來的改裝留下了空間。

武器裝備

　• 反艦：兩座四聯裝「捕鯨叉」反艦飛彈發射裝置，0.9馬赫

時射程一百三十千米，主動雷達尋的。該裝置佈置在艦中部兩個煙囱之間，呈相對狀。主炮為76毫米單管全自動速射炮，為對空、對海兩用。該炮射程十七千米，射速十至八十五發/分。

　　‧防空：一座八聯裝「海麻雀」近程防空飛彈發射裝置，發射RIM—7F型飛彈，射程十八千米，速度3馬赫。另有一座六管20毫米「密集陣」近防系統負責末端防禦，射速3000發/分。

　　‧反潛：遠程為SH—60J反潛

直升機一架。該機自動化程度高，裝有戰術情報顯示系統(從聲吶浮標發出的信號到與各艦機之間的戰術情報、數據的傳輸、處理均可從顯示器上得到)和自動飛行駕駛儀，性能先進，可遂行全天候反潛任務。中近程為一座八聯裝「阿斯洛克」反潛飛彈發射裝置。射程十千米，彈頭為Mk—46反潛魚雷。另有兩座

下圖：「朝霧」級驅逐艦的主桅桿的原始位置正好位於煙囱的後方，四個燃氣渦輪所產生的大量廢氣從這些煙囱中排出，因此主桅桿的位置很不恰當。

下圖：日本海上自衛隊傳統上重點置於反潛作戰，持續部署了大量的護衛戰艦。圖中是飛彈驅逐艦「海霧」號和「朝霧」號，後者現已改為一艘訓練艦。

上圖：「瀨戶霧」（DD156）號（圖片來源：日本海上自衛隊）

三百二十四毫米三聯裝反潛魚雷發射管，主要用於自身防禦。

電子裝備

　　·雷達：一座三坐標OPS—14型(後4艘為OPS—24型)對空雷達；一座兩坐標OPS—28C型對海雷達；一部2—22型火炮火控雷達；一部2—12E型「海麻雀」飛彈火控雷達（前4艘）/2—12G型「海麻雀」飛彈火控雷達（後四艘）；一部ORN—6「塔康」空中戰術導航雷達。

　　·電子設備：裝備有11號、14號數據鏈和衛星通信系統。

　　·聲吶：該級艦擁有OQS—4A主/被型回波測距儀；後4艘艦裝有OQS—1型拖曳式聲吶，極大地增強了它的搜潛能力。

　　·電子戰系統：NOLR—6C或NOLR—8電子偵察設備，OLT—3干擾機。

　　·火控系統：GFCS—2—22型火炮火控系統；MFCS—2—12E「海麻雀」飛彈火控系統（前4艘）/

下圖：「雨霧」（DD154）號（圖片來源：日本海上自衛隊）

上圖：「朝霧」號（DD151）是8艘該級驅逐艦中的第一艘。

「朝霧」級技術數據

艦全長：137米

艦寬：14.6米

吃水：4.5米

排水量：標準排水量3 500噸，滿載排水量4 200噸

動力系統：4臺羅爾斯·羅伊斯公司製造的「斯佩」SM1A型燃氣渦輪機，輸出功率為39 515千瓦（53 000軸馬力），雙軸推進

航　　速：30節

武器裝備

2座四聯裝「魚叉」反艦飛彈發射裝置；1座Mk29「海麻雀」防空飛彈八聯裝發射裝置，帶彈20枚；1座八聯Mk112型火箭發射裝置，發射「阿斯羅克」反潛火箭和Mk46型魚雷；1門76毫米口徑（3英吋）「奧托·梅萊拉」型火砲；2門20毫米口徑Mk15型「密集陣」近戰武器系統；2具68型324毫米口徑（12.75英吋）三聯魚雷發射管，配備Mk46型反潛魚雷

電子系統

1部OPS—14C型（或者使用DD155號艦上的OPS—24型）對空搜索雷達、1部OPS—28C型（或者使用DD153~154號艦上的OPS—28Y型）對海搜索雷達、1部2—22型砲瞄雷達、1部2—12G型（或使用DD155號艦上的2—12E型）防空飛彈射擊指揮雷達、1部OQS—4A型船體安裝的主動式搜索/攻擊聲吶、1部OQR—1拖曳式陣列聲吶、2座SRBOC（速散離艦干擾系統）6管干擾/照明彈發射裝置、1部SLQ—51「水精」或4型拖曳式反魚雷誘餌

艦載機：1架SH—60J型「海鷹」直升機

MFCS—2—12G「海麻雀」飛彈火控系統（後四艘）。

‧作戰指揮系統：OYQ—6型作戰指揮系統，設有十一號數據鏈，SQQ—28直升機數據鏈和衛星通信系統。

主要評價

「朝霧」級主要建成於八十

下圖：「濱霧」（DD155）（圖片來源：日本海上自衛隊）

年代，當下流行的垂直發射系統和一些最新電子設備並未上艦。做為日本海上自衛隊「八‧八艦隊」的骨幹力量，它的性能可用「中規中矩」來形容：雖然沒有什麼驚人之處，但對空、對海、反潛能力全部具備；比之「金剛」、「村雨」自然差之甚遠，但在現代海戰中仍可一顯身手。用「通用型」、「多用途」用來形容這個海上多面手，真是再恰當不過了。

上圖:主桅桿和後部煙囪經過改正後的佈局,從中可以看出主桅桿向左弦偏移,而後部煙囪則向右弦偏移。圖中所示是「夕霧」號(DD153)號。

下圖:「雨霧」(DD154)號(圖片來源:日本海上自衛隊)

上圖和右圖:「朝霧」號(DD151)是8艘該級驅逐艦中的第一艘(圖片來源:日本海上自衛隊)

本圖：「海霧」（DD158）號（圖片來
源：日本海上自衛隊）

本圖：「海霧」（DD158）號（圖片來源：
日本海上自衛隊）

「初雪」級驅逐艦

自從二十世紀五十年代重建武裝力量以來，日本人一直按照自己的風格行事，其中，建造了十二艘的「初雪」級驅逐艦是二十世紀七十年代末日本政府批准為海上自衛隊建造的具有自己風格的戰艦。「初雪」級驅逐艦採用燃氣渦輪機作為動力系統，綜合應用防空、反艦和反潛傳感器。為了減輕重量，最初七艘該級戰艦的艦橋結構和水線以上部分在建造時均採用了鋁合金材料，後面幾艘則採用了鋼材，這就使得排水量比前七艘稍有增加。第一艘「初雪」級於一九七九年三月開始建造，一九八〇年十一月下水，一九八二年五月服役。最後一艘在一九八四年開始建造，一九八七年服役。一九九二年，「白雪」號（DD123）號成為第一艘加裝20毫米口徑「密集陣」近戰武器系統的戰艦，在整個二十世紀九十年代期間，其他幾艘該級戰艦先後裝備了這種射程短但能夠快速反應的反飛彈系統。該級最後三艘戰艦還進行了其他方面的改進工作，其

下圖：日本「初雪」級驅逐艦「巘雪」號（DD127），裝備「魚叉」反艦飛彈和「阿斯羅克」反潛火箭（火箭助推反潛魚雷），用來執行反艦和反潛任務。

上圖和下圖：日本「初雪」級驅逐艦「白雪」號（DD123）（圖片來源：日本海上自衛隊）

中包括採用加拿大的「熊阱」直升機著陸系統，以及現代化的電子對抗設備。一九九九年，「島雪」號（DD133）改作教練艦（TV 35）。後來，該艦的直升機機庫裡還加裝了一個閱覽室。

「初雪」級驅逐艦屬於多用途戰艦，裝備有穩定鰭。它們所裝備的主要反艦武器是「魚叉」飛彈，射程大約為一百三十千米，緊貼海面飛行，攜帶一個重達雨季百二十七千克的彈頭，射速為0.9馬赫。為了攻擊潛艦，該級戰艦還裝備了「阿斯羅克」反潛火箭系統（火箭助推反潛魚雷），該系統能夠發射一枚Mk46型自動尋的魚雷，射程可達九千米。「初雪」級並沒有裝備遠程防空武器，這是因為其建造之初就是要在美國或日本空軍力量的掩護下專門對付來自海上和水下的威脅。這些戰艦所裝備的「海麻雀」防空飛彈射程為十五千米，而近戰武器系統純粹是一種要地防禦系統，主要用於攻擊和摧毀

反艦飛彈。

　　該級艦共建造十二艘（DD122—133），首艦初雪號一九八二年服役。雖劃屬驅逐艦類，其實是多用途護衛艦。上層建築尺度大，動力裝置為燃燃聯合型。自DD129後各艦採用鋼結構上層建築替代輕質合金。

　　同型艦：「初雪」號（ＤＤ１２２）、「白雪」號（ＤＤ１２３）、「峰雪」號（ＤＤ１２４）、「澤雪」號

上圖和下圖：「朝雪」號（DD 132）是倒數第2艘「初雪」級驅逐艦。根據建造計畫，該艘戰艦是由5個相關造船廠之中的住友造船廠負責建造的。（圖片來源：日本海上自衛隊）

下圖：日本「初雪」級驅逐艦「初雪」號　　　　上圖：日本「初雪」級驅逐艦「澤雪」號
（DD122）（圖片來源：日本海上自衛隊）　　　（DD125）（圖片來源：日本海上自衛隊）

（ＤＤ１２５）、「濱雪」號
（ＤＤ１２６）、「磯雪」號
（ＤＤ１２７）、「春雪」號
（ＤＤ１２８）、「山雪」號
（ＤＤ１２９）、「松雪」號
（ＤＤ１３０）、「瀨戶雪」號
（ＤＤ１３１）、「朝雪」號
（ＤＤ１３２）、「島雪」號
（DD133）。

上圖：日本「初雪」級驅逐艦「峰雪」號
（DD124）（圖片來源：日本海上自衛隊）

「初雪」級技術數據

艦全長：130米

艦寬：13.6米

吃水：4.2米

排 水 量：標準排水量2 950噸，從DD129號艦開始，以後的戰艦標準排水量為3 050噸；滿載排水量3 700噸，從DD129號艦開始以後的戰艦滿載排水量為3 800噸。

動力系統：組合燃氣輪機和燃氣輪機，2臺羅爾斯·羅伊斯公司的「奧林巴斯」TM3B型燃氣渦輪發動機，輸出功率為36 535千瓦（49 000軸馬力）；2臺羅爾斯·羅伊斯公司「泰恩」RM1C型燃氣渦輪發動機，輸出功率為7 380千瓦（9 900軸馬力），雙軸推進

航　速：30節

航　程：12 975千米（8 065英里）/20節

武器系統

2座四聯裝「魚叉」反艦飛彈發射裝置；1座Mk29型「海麻雀」防空飛彈發射裝置；1座Mk112型八聯裝「阿斯羅克」反潛火箭；1門76毫米口徑（3英吋）奧托·梅萊拉小型火砲；2門Mk15型20毫米口徑「密集陣」近戰武器系統；2座三聯裝68型324毫米口徑（12.75英吋）魚雷發射管，配備Mk46 Mod 5型反潛魚雷

電子系統

1部OPS—14B對空搜索雷達、1部ORS—18對海搜索雷達、1部T2—12A型艦艦飛彈射擊指揮雷達以及2—21/21A型砲瞄雷達、1部OQS—4ASQS—23艦艇安裝的主動式搜索/攻擊聲吶、某些戰艦上還安裝有1部OQR—1型TACTASS（甚低頻戰術拖曳陣聲吶）被動式聲吶、Mk36型SRBOC干擾物/照明彈發射裝置

艦載機：1架 SH—60J「海鷹」直升機

上圖：日本「初雪」級驅逐艦「澤雪」號
（DD125）（圖片來源：日本海上自衛隊）

下圖：日本「初雪」級驅逐艦「瀨戶雪」號
（DD131）（圖片來源：日本海上自衛隊）

上圖：日本「初雪」級驅逐艦「磯雪」號
（DD127）（圖片來源：日本海上自衛隊）

下圖：日本「初雪」級驅逐艦「山雪」號
（DD129）（圖片來源：日本海上自衛隊）

上圖：日本「初雪」級驅逐艦「峰雪」號
（DD124）（圖片來源：日本海上自衛隊）

左圖：日本「初雪」級驅逐艦「松雪」號
（DD130）（圖片來源：日本海上自衛隊）

上圖：日本「初雪」級驅逐艦「澤雪」號
（DD125）（圖片來源：日本海上自衛隊）

「太刀風」級驅逐艦

上世紀七十年代前，海上自衛隊奉行的是「近海防禦」戰略。其主要任務是依托美軍，對沿岸戰略要地進行防禦，在近海實施機動作戰，為船隊護航，進行海峽封鎖等。因此，其艦隊的發展重點主要是反潛護航，防空作戰主要依靠岸基飛機提供。當時，它建造的防空型艦艇只有一艘「天津風」號飛彈

下圖：「太刀風」級驅逐艦「太刀風」號（DDG168）（圖片來源：日本海上自衛隊）

驅逐艦。

進入七十年代後，日本經濟迅猛發展，對外貿易不斷增加。在美國的支持下，海上自衛隊也得到快速發展，進而提出了「保衛1000海里海上交通線」作戰設想。顯而易見，要在如此之遠的海上進行護航作戰，岸基飛機是鞭長莫及的，為此，日本防衛廳認為，需要發展防空型艦艇，以對付日益嚴重的飛彈威脅。於是建造新型的防空型驅逐艦的計劃就被提到日程上來。

上圖：「太刀風」級驅逐艦「朝風」號（圖片來源：日本海上自衛隊）

下圖：「太刀風」級驅逐艦「朝風」號。

從一九七三年起在三年內著手建造了3艘「太刀風」級驅逐艦，分別是「太刀風」號（DDG168）、「朝風」（DDG169）號和「澤風」（DDG170）號，分別於一九七六年、一九七九年和一九八二年開始服役。

飛彈裝備

每艘「太刀風」級戰艦均裝備1座單軌Mk13型飛彈發射裝置，發射「標準」SM—1MR型飛彈，能夠攻擊五十千米以外的飛機目標。SM—1MR「標準」飛彈能夠在四十米到一萬八千米高空攔截飛機和飛彈。

兩門平高兩用艦炮在防空的同時還能夠攻擊海面目標。二十世紀八十年代，這些戰艦通過加裝Mk13飛彈發射裝置發射的「魚叉」反艦飛彈，提高了海面攻擊的能力。三艘戰艦還裝備了「密集陣」近戰武器系統。

按照設計，這些戰艦幾乎是專門的防空作戰平台，沒有裝備直

下圖：「太刀風」級驅逐艦「澤風」（DDG170）號（圖片來源：日本海上自衛隊）

升機設備，其反潛武器也僅局限於「阿斯羅克」反潛火箭和Mk46型自衛魚雷。為了節省建造費用，「太刀風」級採用了可搭載直升機的「榛名」級反潛驅逐艦的動力系統。

右圖：「太刀風」級驅逐艦「澤風」（DDG170）號（圖片來源：日本海上自衛隊）

「太刀風」級技術數據	
艦全長：130米 艦寬：13.6米 吃水：4.2米 排水量：DDG168號和DDG169號標準排水量3 850噸，滿載排水量4 800噸；DDG170號標準排水量3 950噸，滿載排水量4800噸 機械裝置：齒輪傳動蒸汽輪機，輸出功率52 200千瓦（70 000軸馬力），雙軸推進 航　速：32節（59千米/時，37英里/時） 武器系統：1座單軌Mk13型飛彈發射裝置，能夠同時發射「標準」SM—1中程防空飛彈以及「魚叉」反艦飛彈（備彈40枚）；2門單管127毫米口徑火砲；2套20毫米口徑「密集陣」近戰武器系統設備，1座八聯裝「阿斯羅克」反潛火箭發射裝置，僅DDG170號載有重複裝填裝置；2具三聯68型324毫米口徑	反潛魚雷發射管，配備6枚Mk46 Mod 5型魚雷 電子系統：1部SPS—52B/C 3D雷達、1部OPS—110 對空搜索雷達、1部OPS—160型對海搜索雷達（DDG 170號上安裝OPS—28型雷達）、2部SPG—51C飛彈射擊指揮雷達、2部72型砲瞄雷達、2套衛星通信系統、1套全面電子對抗設備、4座Mk36型干擾物發射裝置、1部OQS—3A艦體聲吶

「旗風」級飛彈驅逐艦

一九七三年，日本船廠開始建造3800噸級的「太刀風」級防空飛彈驅逐艦，數量為三艘。然而就在建造過程中，海上自衛隊認為，該級艦艇噸位小，作戰能力有限，數量也不夠。於是又設計了一級改進型防空飛彈驅逐艦，這就是「旗風」級驅逐艦，計劃建造兩艘。

就在第三艘「太刀風」級驅逐艦一九八三年三月建成之後不久，一九八三年五月，首艘「旗風」級艦在三菱長崎分公司開工建造，一九八六年三月正式服役。第二艘旗風級一九八五年一月開工建造，一九八八年三月正式服役日本多用途飛彈驅逐艦，共建造八艘。首艦一九八五年開工，一九八八年三月完工。該級艦主要用於編隊反潛，也可執行對空對海作戰任務。

「旗風」號（DDG171）和「島風」號（DDG172），分別於一九八六年和一九八八年服役。

下圖：體形更為龐大的「太刀風」級驅逐艦「旗風」號（圖片來源：日本海上自衛隊）

「旗風」號和「島風」號裝備
與「太刀風」級驅逐艦類似的武器
裝備，但與「太刀風」級驅逐艦相
比，它們的外型尺寸有所增加，艦
身加長了八米，排水量大約增加了
700噸，這就意味著這兩艘戰艦能夠
裝備兩座四聯裝「魚叉」飛彈發射
裝置，彈藥庫空餘的地方可以存放
防空飛彈。這些戰艦還有直升機平
台，能夠搭載1架SH—60J型「海鷹」
直升機。

上圖和下圖：體形更為龐大的「太刀風」級
驅逐艦「旗風」號（圖片來源：日本海上自
衛隊）

左圖：體形更為龐大的「太刀風」級
驅逐艦「旗風」號（圖片來源：日本
海上自衛隊）

「旗風」級技術數據

艦全長：150米

艦寬：16.4米

排水量：4450噸（標準），
　　　　5500噸（滿載）；

航速：30節；

動力：4台燃氣輪機，7.2萬馬
力；

編製：260人；

飛彈：8×4魚*反艦飛彈，1×2聯
裝標準防空飛彈；

魚雷：2×3聯裝魚雷發射架；

火箭：1座阿斯洛克反潛火箭發
射架；

火炮：2門127毫米炮，2座密集
陣；

載機：帶直升機平台，無機庫；

雷達：2×對空警戒雷達，對海搜
索雷達，2×火控雷達；

聲納：OQS4聲納

上圖：「春潮」級 (圖片來源：日本海上自衛隊)

Chapter 4
潛艦部隊

「蒼龍」級潛艦

隨著AIP技術的發展，日本在「春潮」級的最後一艘「朝潮」號進行了相關實驗，在此基礎上，日本開發了基於AIP技術的新一代柴油動力攻擊型常規潛艦，即「蒼龍」級潛艦。首艘「蒼龍」號（SS—501）由三菱重工神戶造船廠負責建造，這也是繼韓國的「孫元」一級"（214型）之後東亞第二款AIP型潛艦。日本亦成為世界上繼瑞典（「哥特蘭」級潛艦）後第二個採用斯特林發動機（AIP）系統的國家。而「蒼龍」級潛艦更是日本在二次大戰後，建造潛艦噸位最大的一款潛艦。

從這一級潛艦開始，日本海軍打破了以往舊帝國海軍以往以潮汐做為命名的慣例（「汐潮」、「春潮」），而是採用了以吉祥動物為命名來源。

「蒼龍」號水面排水量2900噸，水下排水量約為4200噸，主尺度為84.0米×9.1米×8.5米。由於安裝了四台斯特林發動機，因此比「親潮」級的水面排水量增加約200噸，艇體長度增加兩米左右，外形與「親潮」級基本相同，艇型採用了所謂的「雪茄形」線型。

「親潮」級的指揮台圍殼和艇體上層建築的橫截面呈倒V字形錐體結構，其艇體和指揮台圍殼的側面敷設了吸聲材料，主要目的是為了

提高對敵人主動聲吶探測的聲隱身性。「蒼龍」級在繼承「親潮」級這一優點的同時，進一步在艇體上層建築的外表面也敷設了聲反射材料，使該級潛艦的聲隱身性能得到進一步提高。

「蒼龍」級的推進系統包括兩台柴油機、四台斯特林發動機和1台主推進電動機。該級潛艦的水面最高航速為十二節，水下最高航速為二十節，與「親潮」級潛艦基本相同。但是，「蒼龍」級裝備了四台斯特林發動機，其水下續航力比「親潮」級有了大幅度改進和提高。「蒼龍」號裝備的是瑞典考庫姆公司的V4—275R MkⅢ型斯特林發動機，與「朝潮」號裝備的是同一個型號。該型發動機的額定轉速2000轉/分，額定連續輸出功率65千瓦（折合88馬力）。

「蒼龍」號在水下以四至五節的低速航行時使用，以此速度，水下連續潛航至少兩周而不必上浮水面，低於四節時持續潛航時間可

下圖：「白龍」號（圖片來源：日本海上自衛隊）

進一步延長到三周左右。「蒼龍」號的AIP系統，除了四台斯特林主機之外，還包括一些相關的輔助性設備，如液態氧艙、廢氣處理與排出裝置等。斯特林發動機由佈置在指揮艙內的操控台的控制下自動運行。V4—275R MkⅢ型斯特林發動機是日本購買了瑞典的生產許可證進行製造的，而AIP系統的輔助設備則是日本自行研製的產品。

除了AIP系統外，「蒼龍」級與「親潮」級相比，較為明顯的改進是從十字型尾舵改為X型尾舵。從一九九六年到一九九九年，日本防衛廳技術研究本部進行了數年之久的研究、試驗和性能確認，最終結果表明X型尾舵比十字型舵具有更多的優點，因此決定將其應用於「蒼龍」級潛艦上。

潛艦艉舵的效能基本取決於舵的展長和面積的大小。但是，考慮到潛艦離靠碼頭時需避免尾舵中的水平舵板與岸壁相撞而受損，因此在設計傳統的十字型尾舵時，尾舵中的水平舵板的展長要受到一定限

下圖：「雲龍」號（圖片來源：日本海上自衛隊）

制。另外，為了防止潛艦坐沉海底時傷及尾舵中的垂直舵，尾舵中的垂直舵的舵板的長度也要受到一定限制。上述兩方面的因素限制了十字形尾舵結構的舵板展長，影響了尾舵的效能。但是當尾舵採用X型佈置時舵板長度就不會受到這些限制，因此可以把尾舵的舵板展長設計得更長一些，充分提高尾舵的效能。

從這一方面來看，「蒼龍」級將比「親潮」級具有更好的水下機動能力。「蒼龍」號X型尾舵的最大特點是可以對四個舵板分別進行微控，能夠保證潛艦在水下空間裡進行三維自由運動。由於X型比十字形尾舵的控制技術更為複雜，因此「蒼龍」級將依賴於更為先進的計算機控制技術，這反映了該級潛艦在自動控制技術方面比「親潮」級有了改進和

下圖：「劍龍」號（圖片來源：日本海上自衛隊）

提高。此外,該級艇採用了與「親潮」級潛艦同樣的七葉大側斜螺旋槳。

「蒼龍」號裝載的魚雷和反艦飛彈等各種武備基本上與「親潮」級相同,但是艇上武器裝備的管理卻採用了新型艇內網絡系統。此外,艇上作戰情報處理系統的計算機都採用了成熟商用技術。該艇裝備的是六具533毫米首魚雷發射管,與「親潮」級上裝備的魚雷發射管完全相同。具體佈置方式是,在潛艦首部分為上下兩層水平排列,上層兩具,下層四具。魚雷發射管可發射89型魚雷、「魚叉」反艦飛彈以及布放水雷等。

「蒼龍」級的聲吶系統是「親

上圖:「蒼龍」號(圖片來源:日本海上自衛隊)

上圖:「雲龍」號(圖片來源:日本海上自衛隊)

舷號	艦名	開工日期	下水日期	服役日期	製造商
SS－501	蒼龍	2005年3月31日	2007年12月5日	2009年3月30日	三菱重工
SS－502	雲龍	2006年3月31日	2008年10月15日	2010年3月25日	川崎造船
SS－503	白龍	2007年2月6日	2009年10月16日	2011年3月14日	三菱重工
SS－504	劍龍	2008年3月31日	2010年11月15日	2012年3月16日	川崎造船
SS－505	瑞龍	2009年3月16日	2011年10月20日	2012年3月16日	三菱重工
SS－506		2011年1月21日			
SS－507		2012年3月			
SS－508					

潮」級裝備的ZQQ一6的改進型聲呐，由潛艦首部的圓柱形聲呐、艇首上部的偵察聲呐、艇體側面的共形聲呐基陣以及從艇尾釋放的拖曳聲呐等組成。「蒼龍」號裝備的對海搜索雷達與「親潮」級相同，也是ZPS一6系列雷達。

上圖：「雲龍」號（圖片來源：日本海上自衛隊）

「蒼龍」級技術數據	
排水量：標準：2900噸·水中：4200噸	主要電動機：(交流同期電動機) x1
全長：84.0米	輸出功率(水上/水下)：8000ps/3900ps
全寬：9.1米	武器裝備：533毫米魚雷管6具最大21枚魚
吃水：8.5米	雷(89型魚雷) 潛射型魚叉飛彈
動力：柴油動力x2STIRLING ENGINE(斯特林發動機)	
（川崎4V—275R MkIII）x4	

上圖：「蒼龍」級（圖片來源：日本海上自衛隊）

「親潮」級常規潛艦

日本上自衛隊按照「日本防衛計劃大綱」要求，將常年維持一支由十六艘潛艦組成的潛艦部隊，基本上按照每年退役一艘、服役一艘的方式進行新舊潛艦的換代行動。「親潮」級目前是日本次新型的潛艦，採用長水滴型，有良好的流線型，採用NS110高強度鋼耐壓艇體，並有很好的靜音性，首艇一九九○年服役。

「親潮」級被視作「春潮」級的改良型，為海上自衛隊的第三代潛艦。該艇沿襲了日本潛艦慣用的淚滴式艇身設計，但與「春潮」級和「夕潮」級的復殼式艇身結構不同，「親潮」級改採最新的單殼、復殼並用復合結構，其艇身中央的耐壓船殼裸露，並且艇身的構型也不若以往圓滑，艇身的排水口大幅減少。「親潮」級的最大安全潛深應該會超過「春潮」級的三百五十米。

「親潮」級潛艦的帆罩和艇身大量加裝格狀的水中消音瓦，這是日本潛艦首度採用這項先進技術，可大幅提升該潛艦的水中隱匿性。柴電潛艦加裝水中消音瓦可以以俄制「基洛」級作為代表，消音瓦通常是由橡膠材料製造，以粘合劑與艇體接合併用螺釘固化，先進消音瓦的消音係數可達到0.9以上，能降低敵方主動聲納的探測能力百分之五十至百分之七十五。此外，配合「春潮」級開始使用的減震合金製七葉推進槳，使得「親潮」級的靜音性極佳，象徵著日本潛艦的隱匿性將跨上一個新的台階。

「親潮」級的魚雷發射管設置方式也與以往的日本潛艦不同，雖然魚雷室仍設置在艇身中段，但

上圖：「親潮」級潛艦（圖片來源：日本海上自衛隊）

以往是將六座魚雷發射管以上下並列方式從前段艇身兩側突出，「親潮」級的發射管則向艇首前移，兩側發射管各以一前兩後方式配置，並且是從艦體中心朝外斜向發射。武器系統部份則維持不變，艇內共裝備二十枚魚雷和飛彈，包括最大射程三十八至五十千米的89式線導魚雷和潛射式魚叉反艦飛彈，其中魚叉飛彈的最大射程可達一百三十千米；而89式是日本版的Mk48型魚雷，為一種最大潛深九百米的線導魚雷，都是日本潛艦的標準武器。

「親潮」級的射控和動力系統自動化程度進一步提高，僅配備七十名官兵操作，它的聲吶感測系統應與春潮級相同，配備有艇舶聲納和置於其上方的被動聲吶裝備。「親潮」級的射控系統、通訊裝備和電子戰裝備應該有若干程度的提升，搭配最先進的ZYQ—3型戰鬥情報處理系統，可同時導控六枚線導魚雷接戰。

日本是一個傳統的潛艦技術

下圖：「持潮」號（圖片來源：日本海上自衛隊）

國家，二戰之前和之中曾建造過六十艘潛艦。戰後從五十年代中期開始恢復潛艦研製能力，一九六〇年以來平均每隔六年左右推出一級常規潛艦，以此追求在役潛艦的技術先進性，並逐步向大排水量方向發展。九十年代初日本在建造「春潮」級的同時便著手研製下一代潛艦，首先推出的是「春潮」級的改進型。「春潮」級的改進型艇長增加了一米，水面和水下排水量增大了100噸，並作為「春潮」級的第七艘「朝潮」（Asashio）號，於一九九二年開工建造，一九九七年服役。日本海上自衛隊認為「春潮」級改進型的改進幅度還達不到

預想的結果，因此提出建造排水量更大的新一級潛艦的計劃，即與其二戰之後建造的第一艘潛艦「親潮」號同名的「親潮」（Oyashio）級建造計劃，以替代即將陸續退役的「夕潮」級潛艦，以便在二十一世紀初繼續保留十六艘常規潛艦的兵力水平。一九九三財年「親潮」級建造計劃得到批准，擬建八艘，從一九九四年開始，以每年一艘的速度投建，並從一九九八年開始以每年一艘的速度服役。

該級艇由承擔「春潮」級建造任務的三菱重工和川崎重工兩家船廠承擔，單艇造價約五億美元。與日本其他武器裝備一樣，由於受到

「親潮」級常規動力潛艇技術數據	
全長：817米	500米
全寬：8.9米	魚雷發射管：6具533毫米口徑（21英寸）魚雷發射管，位於潛艇中部
吃水：7.9米	基本載荷：20枚89型魚雷和「魚叉」反艦飛彈
動力系統：2臺川崎公司12V25S型柴油機，輸出功率為4 100千瓦（5 520軸馬力）；2臺富士電動機，單軸驅動	電子系統：1部ZPS—6型對海搜索雷達、1部ZQQ—5B型艇艏聲吶、左右弦弦側式聲吶陣列天線、1部ZQR—1（BQR—15）型拖曳式陣列天線、1臺ZLR 7型電子監視系統設備
航　　速：浮航12節（22千米/時，14英里/時），潛航20節（37千米/時，23英里/時）	
下潛深度：作戰潛深300米，最大下潛深度	

嚴格的出口禁止，「親潮」級將只供裝備日本海上自衛隊。

「親潮」級是用於遠洋作戰的多功能潛艦，可以遂行反艦、反潛、佈雷等多項使命。

「親潮」級潛艦的主尺度為：艇體長八十一点七米，寬八点九米，吃水七点九米。水面排水量2700噸，水下排水量4000噸。水上航速十二節，水下航速二十節。艇員編制69人（其中10名軍官）。下潛深度估計可達五百米。

該級艇採用單軸柴電推進方式。主機為兩台川崎公司的12V25S柴油機，功率4100千瓦；兩台川崎公司的交流發電機，功率3700千瓦；兩台富士公司的電動機，功率5700千瓦。該級潛艦的主要武器裝備是位於首部聲吶艙上部的六具533魚雷發射管，用於發射日本的89型線導魚雷和美國麥道公司的「魚叉」潛射反艦飛彈。89型魚雷採用主/被動尋的方式，速度為四十/五十五節時航程為五十/三十八千米，戰鬥部重二百六十七千克。麥道公司的「魚叉」潛射反艦飛彈屬改進

上圖：「親潮」級潛艦（圖片來源：日本海上自衛隊）

型，採用主動雷達尋的，速度為0.9馬赫，射程一百三十千米，戰鬥部重二百二十七千克。該級艇共攜帶二十枚飛彈和魚雷。

該級艇裝備SMCS型火控系統。對抗措施採用ZLR7型雷達預警設備。雷達採用日本無線電公司的ZPS6對海搜索雷達。聲吶包括休斯/沖電公司的ZQQ5B/6艦殼聲吶和舷側陣列聲吶，主/被動搜索和攻擊，中/低頻，並裝備仿製美國彈道飛彈核潛艦上使用的類似於BQR15的ZQR1型被動搜索拖曳線列陣聲吶，甚低頻。

「親潮」級是日本二戰之後自研自建的第七級潛艦，也日本最新一級多功能常規攻擊型潛艦。它是

日本積四十多年持續不斷研製建造潛艦之經驗、瞄準國際先進技術水平而推出的新一代海軍武器裝備，主要特點是：

採用新艇型。日本二戰之後建造的前六級潛艦一直沿用由美國「大青花魚」號潛艦發展而來的水滴形艇型，長寬比保持在7.2~7.7之間。「親潮」級較之前幾級潛艦艇型變化較大，它加長了艇長，縮小了直徑，使長寬比達到9：1，成為一種長水滴型外形。「親潮」級由於縮小了直徑，為不影響內部水密容積的可利用率，僅在首、尾段採用了雙殼體結構，這也是與以往潛艦重要的不同之處。此外，「春潮」級及之前的日本潛艦指揮台圍殼前後均為直緣，而「親潮」則採用了前後斜緣（即側輪廓上窄下寬）形式。

首次裝備舷側陣聲吶。「親潮」級是日本首級裝備舷側陣聲吶的潛艦。隨著現代潛艦噪聲的大幅度降低，改進探潛能力成為提高攻

下圖：「持潮」號（圖片來源：日本海上自衛隊）

擊型潛艦作戰能力的一個重要方面。為此日本建造「春潮」級潛艦時便將提高水下探測能力作為一個重要目標，在艇上安裝了拖曳線列陣聲吶，並從八十年代末開始在原有的「夕潮」級上加裝了拖曳線列陣聲吶。但這類聲吶對目標的定位能力差，模糊性大，因此日本在決定建造「親潮」級潛艦時，瞄準水下探測能力的國際先進水平，確定在該級艇上裝備舷側陣聲吶。由於基陣排列對長度有一定的要求，使得「親潮」級艇體長寬比加大。據報道，「親潮」級上安裝的舷側陣類似於美國的寬孔徑陣，呈曲面排列而非平直排列。

隱身性能好。「親潮」級除了繼承和改進「春潮」級的全部隱身措施（如敷設消聲瓦，採用減振浮筏，採用七葉大側斜螺旋槳等）外，還採取了新的隱身措施，如更大範圍使用NS110超高強度鋼材，增加了下潛深度，從而使隱蔽性更強；對殼體的甲板部分、指揮台圍殼重新進行了設計，改善了線型，降低了流體噪聲。

攻擊能力強。「親潮」級的武器配置與「春潮」級相同。89型線導魚雷和「魚叉」反艦飛彈都屬世界上最先進的武器之列，加之由於舷

舷號	艦名	開工日期	下水日期	服役日期	製造商
SS—590	親潮	1994年1月26日	1996年10月15日	1998年3月16日	川崎造船
SS—591	滿潮	1995年2月16日	1997年9月18日	1999年3月10日	三菱重工
SS—592	渦潮	1996年3月6日	1998年10月15日	2000年3月9日	川崎造船
SS—593	卷潮	1997年3月26日	1999年9月22日	2001年3月26日	三菱重工
SS—594	磯潮	1998年3月9日	2000年11月27日	2002年3月14日	川崎造船
SS—595	鳴潮	1999年4月2日	2001年10月4日	2003年3月3日	三菱重工
SS—596	黑潮	2000年3月27日	2002年10月23日	2004年3月8日	川崎造船
SS—597	高潮	2001年1月30日	2003年10月1日	2005年3月9日	三菱重工
SS—598	八重潮	2002年1月15日	2004年11月4日	2006年3月9日	川崎造船
SS—599	瀨戶潮	2003年1月23日	2005年10月5日	2007年2月28日	三菱重工
SS—600	持潮	2004年2月23日	2006年11月6日	2008年三月6日	川崎造船

側陣聲吶與艇殼聲吶及拖曳線列陣聲吶一起構成了完整而先進的水下綜合探測系統，提高了遠程探測與精確定位能力，從而增強了武器的使用效能。

自動化程度高。「親潮」級較「春潮」級排水量增加，但艇員數量卻減少了百分之七，這表明該艇自動化程度有所提高。

「親潮」級潛艦滿載排水量達4000噸，是目前世界上在役和在建的大排水量常規潛艦之一，也是世界上最先進的常規潛艦之一。它既適合於在日本這個多島之國的水域執行巡邏警戒任務，也適合於遠海作戰。大幅度提高潛艦性能，是日本海上自衛隊一貫追求的目標。但

限於多種原因，日本至今與核潛艦無緣。不過早在建造「春潮」級的同時，日本就把提高潛艦作戰能力的重點放在使用AIP系統方面，為此不僅本國花大力氣研究燃料電池推進技術，而且在一九九五年之前分兩次向瑞典考庫姆公司購進了兩台斯特林發動機，準備與國外合作研製潛艦AIP推進系統。雖然從目前進度看，「親潮」級不可能裝備AIP系統，但由於日本今後的新型潛艦研製速度可能放慢，因此不排除通過「親潮」級的改裝加裝這種推進系統。

下圖：「親潮」級潛艦（圖片來源：日本海上自衛隊）

上圖和下圖:「親潮」號潛艇性能類似於大多數的核潛艇。雖然該級潛艇比核潛艇航速慢、續航力小,但其柴油電動機的動力裝置使其比一般核潛艇安靜得多。

本圖：「八重潮」號（圖片來
源：日本海上自衛隊）

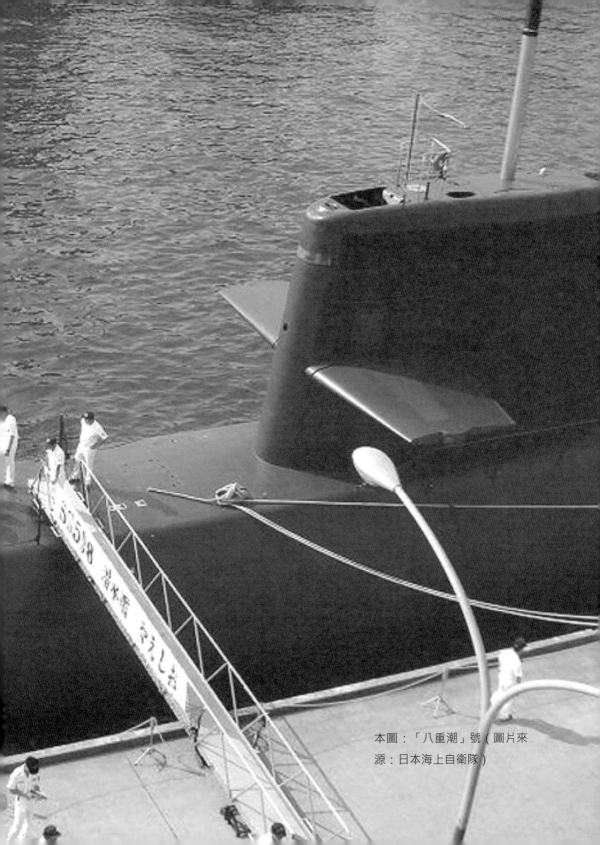

本圖：「八重潮」號（圖片來源：日本海上自衛隊）

「春潮」級潛艦

　　「春潮」級潛艦為日本海上自衛隊的常規動力潛艦。是由日本三菱重工業神戶造船所和川崎造船神戶工場分別於一九九○年開始造建工程。「春潮」級的艦體比法國的「紅寶石」級（Rubis class）核動力攻擊潛艦還大一些。設計上延續前型的「渦潮」級、「汐潮」級一脈傳承的基本構型，包括雙殼淚滴型艦體、十字形尾翼、單軸、前水平翼位於帆罩上等。但在艦體長度增長一米，直徑略增，排水量增大，其他在人員適居性、艦體材料、潛航續航力、靜音能力、水下偵測等方面都有許多改進.

下圖：「渦潮」級潛艦（圖片來源：portico）

主要改進

　　「春潮」級的主要作戰使命是反潛和攻擊大型水面艦艇，因此在設計上體現了「五個方面性能的改進提高」。

　　一是進一步提高水下續航時間。由於「春潮」級總長比「夕潮」級增長一米，寬增加到十米，型深增加到十点五米，因此估計隨著容積比能的提高，整個電池組的容量將比夕潮級大大提高。但其推進電機的功率仍是7200馬力，因此水下最大航速的續航時間將接近一小時，水下經濟航行的續航力也將增加。

　　二是提高其安靜性。雖然主艇體仍然採用日本慣用的水滴型艇型，操縱面仍是圍殼舵配十字型尾舵，但是採用了七葉大側斜螺旋

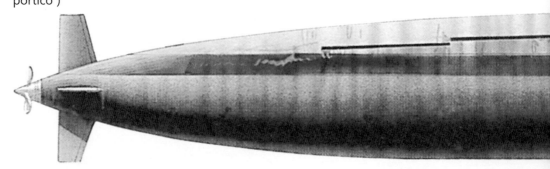

槳，艇體表面也進行防振吸聲的阻尼處理，加上對艇內機電設備的有效防振隔振處理，使春潮級成為安靜型的潛艦。

三是提高搜索和攻擊能力。這體現在該艇首次裝備了潛用拖曳線列陣聲吶（STASS）。「春潮」級上也裝了SQS—36改進型主動聲吶，主要是提高探測速度縮短作用時間，以在極短的時間內探測到對方而又不易被對方測定自己的距離。

四是提高魚雷和飛彈的性能。該艇將裝備日本自行研製的性能優於美國Mk—48的G—RX2型線導魚雷。在「春潮」級上，魚雷發射管仍為肩部佈置，數量仍為六具。但

上圖：「春潮」級潛艦（圖片來源：日本海上自衛隊）

是其所裝的「捕鯨叉」飛彈的飛行速度達到兩馬赫。這樣攻擊敵水面艦艇時，被攔截的概率要比夕潮級的「捕鯨叉」低得多，使其攻擊威力大增。

另外，「春潮」級的標準排水量增大200噸，因此所增加的排水量和容積除了滿足機電設備的需要

外，主要用於增加生活空間和平衡增加的重量，以便改善居住性，不致於造成陸上和艇上居住性能的極大反差。

春潮級總共建造七艘，二〇〇九年三月二十七日，春潮級潛艦首艘「春潮號」正式除役；之後，預定每一年除役一艘。其中「早潮」號（SS—585）除役後轉為訓練用艦（TSS—3606），「冬潮號」（SS—588）在二〇一一年三月十五日轉為

訓練用艦(TSS—3607)。另一艘，"朝潮號"（SS—589）在二〇〇〇年三月轉為訓練用潛艦（TSS—3601），隔月，在艦身加裝放置AIP系統的動力艙段，被規劃為測試平台。

上圖：「春潮」級潛艦（圖片來源：日本海上自衛隊）

下圖：「夕潮」號潛艦正在進行緊急上浮（圖片來源：portico）

本圖：「望潮」號潛艦（圖片來源：portico）

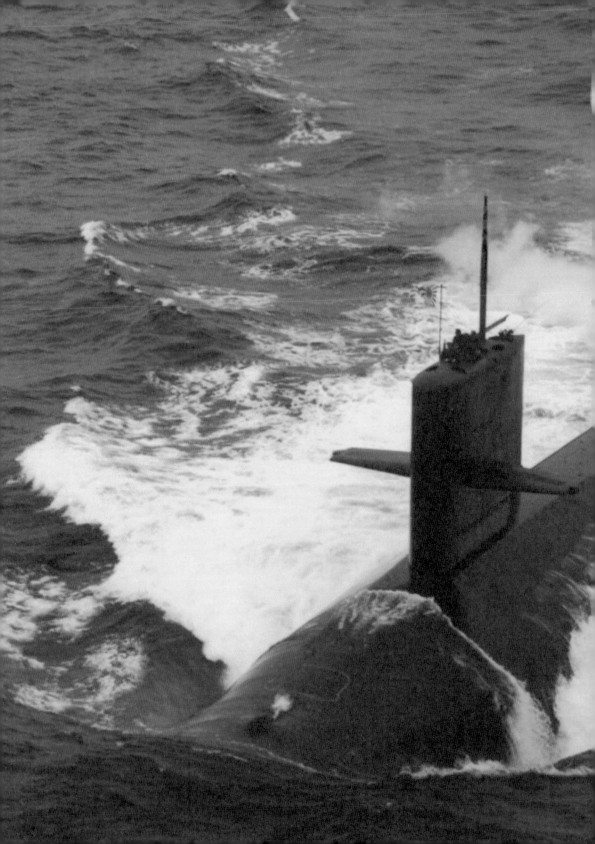

本圖：「春潮」號潛艦（圖片來源：日本海上自衛隊）

舷號	艦名	開工日期	下水日期	服役日期
SS—583	春潮	1987年4月21日	1989年7月26日	1990年11月30日
SS—584	夏潮	1988年4月8日	1990年3月20日	1991年3月30日
SS—585	早潮	1988年12月9日	1991年1月17日	1992年3月25日
SS—586	荒潮	1990年1月8日	1992年3月17日	1993年3月17日
SS—587	若潮	1990年12月12日	1993年1月22日	1994年3月1日
SS—588	冬潮	1991年12月12日	1994年1月22日	1995年3月7日
SS—589	朝潮	1992年12月24日	1995年7月12日	1997年3月12日

「春潮」級常規動力潛艇技術數據

艇長：81.7米

艇寬：8.9米

吃水：7.4米

標準排水量：2750噸

滿載排水量3000噸

水上航速：12節

水下航速：20節

最大潛深：300米

動力裝置：2台川崎 12V25S柴油機、2台川崎交流發電機、2台東芝電動機

飛彈：魚叉潛射反艦飛彈，從魚雷發射管發射

魚雷：6具533毫米魚雷發射裝置，發射89型魚雷，共攜帶20枚飛彈和魚雷

電子戰：ZLR—7電子支持系統

雷達：ZPS—6平面搜索雷達

聲納：ZQQ—5艦首主/被動數組聲納、ZQR—1拖曳數組聲納

艇員：75人，其中軍官10人/71人，其中軍官10人（朝潮號）